넥스트 레벨
생평공학

✦ 글 **김무웅**

대전에서 태어나 자라고 배우고 일하며 살고 있습니다.
미생물학을 전공하였고, 지금은 한국생명공학연구원 국가생명공학정책연구센터에서
정보분석실을 총괄하고 있습니다. 바이오 기술 관찰자로서 흥미로운 과학 뉴스에 관심이 많으며,
바이오 미래유망기술을 해마다 발굴하는 연구를 하고 있습니다.
쓴 책으로는 《어쨌든 바이오(Bio)-바이오 기술 관찰자의 소소한 글쓰기》가 있습니다.

✦ 글 **최향숙**

역사와 문화, 철학 등 인문 분야에 관한 책 읽기와 재미있는 상상하기를 즐겨하다, 어린이 책을 기획하고
쓰기 시작했습니다. 아들을 키우면서 수학과 과학에 관심을 두기 시작했고, 아들이 영재학교에 진학하면서
덩달아 첨단 과학과 미래 사회에 흥미를 갖게 되었습니다. 그리고 10년 뒤, 50년 뒤, 300년 뒤의
사람과 사회를 공부하고 생각하다, 《넥스트 레벨》 시리즈를 기획하고 집필하게 되었습니다.
지금까지 기획하고 쓴 책으로는 《수수께끼보다 재미있는 100대 호기심》, 《우글와글 미생물을 찾아봐》,
《아침부터 저녁까지 과학은 바빠》, 《엉뚱하지만 과학입니다》 시리즈 등이 있습니다.

✦ 그림 **젠틀멜로우**

우리 주변에서 흔히 볼 수 있는 자연과 사물에 감정을 담아서 생각을 그림으로 표현하는 작업을
해 오고 있습니다. 동화책뿐 아니라 전시, 패키지, 책 표지, 포스터, 삽화 등 다양한 분야에서 활동합니다.
지금까지 그린 책으로는 《Ah! Art Once》, 《Ah! Physics Electrons GO GO GO!》,
《열세 살 말 공부》, 《엉뚱하지만 과학입니다 7 나만 몰랐던 코딱지의 정체》, 《색 모으는 비비》,
국립제주박물관 어린이박물관 도록 《안녕, 제주!》 등이 있습니다.

넥스트 레벨 생명공학

김무웅·최향숙 글 | 젠틀멜로우 그림

이 책을 보는 법

Level을 Clear하고, Next Level로 Go Go!

이 책의 제목인 '넥스트 레벨'이 뭐냐고? '비교 불가능한, 이전보다 더 나은, 보다 발전한……' 이런 뜻이야! 한마디로 한수 위라는 거지! 이 책의 주인공인 '나'와 함께 3개의 Level을 Clear하고, 생명공학 분야의 넥스트 레벨이 되어 보자!

차례

Level 3 생명공학이 지구와 만났을 때

Next Level 생명공학이 디지털 기술과 만났을 때

프롤로그 알록달록 생명공학

답답한 마스크에, 학교에 가지 못하고, 친구들과 놀지도 못했던 코로나19 다들 기억나죠? 팬데믹을 겪으면서 우리는 생명공학이 얼마나 중요한지 알게 되었어요. 생명공학 기술을 이용해, 만드는 데 10년이 넘게 걸리는 백신을 1년여 만에 만들 수 있었잖아요.

이처럼 우리 건강과 관련된 생명공학 분야를 '레드바이오'라고 해요. 아픈 사람을 빨리, 정확하게 진단하거나, 병을 미리 예방하고 효과적으로 치료하는 데 도움을 주지요.
음식과 관련된 생명공학 분야는 '그린바이오'라고 하는데, 곡식이나 과일의 씨앗을 더 좋게 만드는 게 대표적이에요.
'화이트바이오'도 있어요. 환경을 오염시키지 않는 제품이나 친환경 에너지를 만드는 등의 연구를 하는 분야예요.
새로운 분야도 주목받고 있습니다. 바다를 보호하면서 해양 자원을 활용하는 '블루바이오', 그리고 우주의 무한한 가능성을 탐구하는 '블랙바이오' 등 다채로운 색깔의 생명공학이 우리의 생활을 알록달록 풍성하고 행복하게 할 거예요.

또한 이 모든 분야를 연결하는 '플랫폼바이오'도 매우 중요한데요. 플랫폼바이오는 레드, 그린, 화이트, 블루, 블랙 바이오 모두에 큰 영향을 줄 수 있답니다.

이 책을 읽는다면, 여러분은 생명공학이 우리 인간과 지구에 어떤 도움을 줄 수 있고, 또 주고 있는지 알게 될 거예요. 또 인공지능과 같은 디지털 기술과 생명공학이 결합했을 때 어떤 효과가 발생할지 이해할 수 있지요. 그리고 생물학이 어떻게 발전했고, 생명공학이 어떻게 탄생했는지에 대해서도 알 수 있어요. 생명공학의 과거와 현재, 미래를 함께 살펴보는 셈이지요.

우리나라 작가가 노벨 문학상을 받았다는 기쁜 소식이 있었죠! 우리나라에서 노벨 과학상을 받을 날도 꼭 올 거예요. 특히, 생명공학 분야에서 노벨상 수상자가 나올 가능성이 크다고 생각해요. 이 책이 그 씨앗이 되기를 바라며 미래의 생명공학을 이끌어 갈 여러분을 응원합니다.

생물학은 생물을 대상으로 한 과학의 한 분야야.
우리가 익히 잘 아는 동물이나 식물은 물론
우리 눈에는 보이지도 않는 바이러스나 세균 등
모든 생물의 생명 현상을 탐구하고
생명의 기원과 본질을 연구하지.
그런데 생물학이 발전하면서 생물학적 원리를 활용해
인간에게 필요한 제품이나 기술을 개발하는 데
중점을 둔 응용과학, 즉 생명공학도 발달했어.
생물학과 생명공학이 어떻게 발달했는지
그 과정부터 알아보자.

Level 1

생물학, 생명공학이 되다

우리 아빠를 꼭 빼닮은 나!

와! 키도 크고, 팔다리도 길쭉길쭉……
얼굴은 작고 눈코입이 시원시원하고…….

키는 아직 작고……
팔다리는 앙증맞네!
얼굴은 엄청 크고……
눈은 작고 코는 낮고
입은 좀 튀어나왔나?
ㅋㅋ
ㅋㅋ
ㅋ
ㅋㅋ
그래서?
마음에 안 들어?

그럴 리가!
우리 아빠를 꼭 빼닮은
내가 딱 맘에 든다고!
그래?
오, 멋진 친구네!

좋아!
그런 너를 칭찬한다.
상으로 네가 어떻게
지금의 모습을 갖게
되었는지를 알려 주지!
진짜?
그런 것도 알 수 있어?
그러고 보니 궁금하네!

돌을 갈아서 석기를 만들어 쓰던 신석기 시대로 가 보자.
어, 여기는 지난번에 씨를 까먹던 덴데……?
맞아, 맞아! 그런데 여기서 싹이 돋았어!

사람들은 열매나 씨가 땅속에 묻히면 그 식물이 다시 자라나는 걸 발견했어.
씨가 싹이 되고, 그 싹이 자라면…….
이렇게 다시 씨가 생겨!

사람들은 씨를 심기 시작했어.
이렇게 씨를 심어 키우면 그 열매를 얻을 수 있을 거야.
앞으론 먹을 걸 찾아 이리저리 떠돌아다니지 않아도 되겠다!

이렇게 해서 농경이 시작됐지. 지금으로부터 약 8,000년 전쯤이야.
잘 익었나 먹어 볼까?
그런데…… 저게 뭐야? 수박 같기도 하고, 호박 같기도 하고……?

예전의 곡식이나 과일은 지금과는 많이 달랐어.
씨 빼고 나면 먹을 게 없네!
물이 많아서 좋긴 한데 좀 달면 얼마나 좋을까?
한 예로 수박은 약 5,000년 전부터 재배했다고 하는데, 처음에는 과육 속에 씨가 엄청나게 많았대.
저랬던 수박이 어떻게 지금처럼 됐지?

오늘날의 수박은 사람들이 만들었다고 할 수 있어!
이 수박은 씨가 적은 것 같네!
그렇지? 수박 중에 씨가 적은 것의 씨만 남겼다가 심고, 그렇게 자란 수박의 씨를 또 심고……. 그렇게 몇 년을 하니까 수박씨가 줄어드는 것 같더라고!
사람들이 수박을 크기는 크게, 씨는 적게, 맛은 달콤하게 개량한 거야.
와, 머리 좋다!

사람들은 큰 수박, 씨가 적은 수박, 달콤한 수박에서 얻은 씨만 심었던 거야.
더 먹음직스럽게!
아주 달콤해요!
그러자 수박의 크기는 점점 커지고, 씨는 적어지고, 과즙은 달콤해졌어!
그러니까 사람들이 원하는 씨만 심어서 원하는 열매를 얻은 거구나!

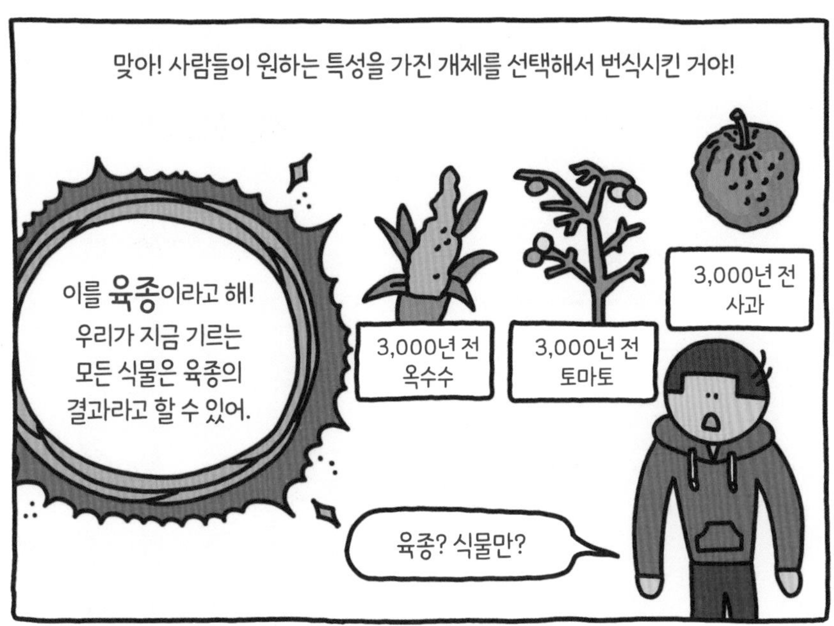
맞아! 사람들이 원하는 특성을 가진 개체를 선택해서 번식시킨 거야!
이를 **육종**이라고 해! 우리가 지금 기르는 모든 식물은 육종의 결과라고 할 수 있어.
3,000년 전 옥수수
3,000년 전 토마토
3,000년 전 사과
육종? 식물만?

당연히 동물도 육종했지.
오늘날 우리가 키우는 가축들 역시 대부분 육종으로 품종을 개량했어.
3,000년 전 돼지
오늘날의 돼지
헉! 3,000년 전 돼지는 너무 무서워 보여!

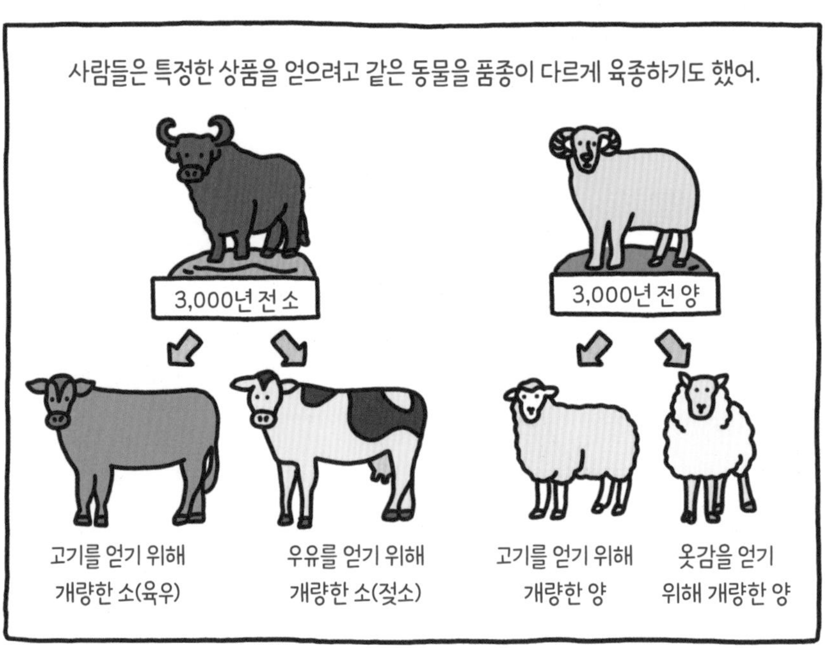
사람들은 특정한 상품을 얻으려고 같은 동물을 품종이 다르게 육종하기도 했어.
3,000년 전 소
3,000년 전 양
고기를 얻기 위해 개량한 소(육우)
우유를 얻기 위해 개량한 소(젖소)
고기를 얻기 위해 개량한 양
옷감을 얻기 위해 개량한 양

심지어 사람 눈에 예뻐 보이는 품종을 만들기도 했지.
7,000년 전 개
치와와
불도그
시추
달마티안
포메라니안

그리고 사람들은 그것을 과학적으로 더 연구하기 시작했어.
와! 드디어 과학이 등장하는 거야?
맞아! 어떻게 과학이 등장했는지, 그리고 어떻게 발전했는지 알아볼래?
물론이지! 그래야 내가 왜 이런 모습인지도 알 수 있는 거 아냐?

Check it up 1 과학사

생물학과 찰스 다윈

사람들은 아주 오래전부터 **생물에 관심**을 가졌어.

살기 위해서는 먹어야 하는데, 먹을 수 있는 건 다 생물이잖아?

농사를 짓고 가축을 키우면서 그 관심은 더욱 커졌지.

생물을 잘 키우려면 생물에 대해 잘 알아야 했으니까. 그래서 아주 오래전부터 사람들은 생물에 대해 알려고 노력했어.

최초로 생물학을 체계적으로 연구한 학자, 아리스토텔레스

Aristoteles, 고대 그리스, 기원전 384~322년

아리스토텔레스는 '만학의 아버지'라고 불릴 정도로 다양한 분야에 걸쳐 광대한 연구를 남겼어. 생물학 분야에서도 동물의 생리학, 행동, 생태, 해부에 대한 관찰과 이론을 담은 백과사전 《동물지》를 남겼지. 이는 동물학의 기초가 되었어.

이러한 노력은 **17세기 들어서 체계적으로 정립되기 시작**했어.

17세기는 뉴턴, 갈릴레이 등이 활약하던 '과학혁명'의 시대였어.

망원경, 기압계, 온도계 등 관찰과 측정 도구가 이때 발명됐지.

현미경이 발명된 것도 이 시기였어.

1665년, 영국의 과학자 로버트 훅Robert Hooke, 1635~1703년은

현미경을 이용해 **세포를 발견**했어.

이후 네덜란드의 안토니 판 레이우엔훅Antoni van Leeuwenhoek, 1632~1723년이

현미경을 이용해 더 많은 세포 구조를 찾아냈고,

정자, 적혈구 같은 세포들을 관찰했지.

이를 통해 생명체가 세포로 구성되었음을 알게 되었어.

18세기에 들어서는 스웨덴의 동물학자 칼 폰 린네Carl von Linne,

1707~1778년가 **생물 분류법과 학명** 세계 공통으로 사용하는 생물의 학문적 이름을 창안했어.

우리가 사자와 호랑이를 '고양잇과'로 분류하고,

사람을 '호모 사피엔스Homo sapiens'라는 학명으로 부르는 건

린네가 창안한 방법을 지금도 따르고 있기 때문이야.

이러한 관찰 도구와 발견, 분류 체계 등을 바탕으로

19세기 들어 생물학이 본격적으로 발달하기 시작했어.

특히 현미경의 성능이 좋아지면서
세포와 관련된 수많은 관찰과 발견이 이루어졌고
많은 과학자가 새로운 주장과 이론을 발표했지.

독일의 식물학자 마티아스 슐라이덴Matthias Schleiden, 1804~1881년과
생리학자 테오도어 슈반Theodor Schwann, 1810~1882년이 대표적이야.
이들은 1838년과 1839년에 각각 '식물 세포설'과 '동물 세포설'을
주장했어.
두 사람의 주장을 한 마디로 종합하면
'모든 생명체는 세포로 이루어져 있고, 세포가 생명체의 기본 단위'라는
거야.
그 뒤에도 세포에 관한 연구가 활발하게 이루어졌는데
1856년, 독일의 의사 루돌프 피르호Rudolf Virchow, 1821~1902년는
슐라이덴과 슈반의 주장에
'모든 세포는 이미 존재하는 세포로부터 나온다'라고 덧붙였어.
이 말은 새로운 세포는 세포 분열을 통해 만들어지고,
이를 통해 생명체가 생장하거나 상처를 치유한다는 거야.
위 내용을 정리한 이론을 '**세포 이론**Cell Theory'이라고 해.

그리고 그즈음, 생물학이 발전하는 데 결정적인 역할을 한

찰스 다윈 Charles Robert Darwin, 1809~1882년이 등장했어.

19세기, 대부분의 사람은 '**창조론**'을 믿었어.
창조론이란 '신이 이 세상 모든 것을 창조했다'는 거야.
인간을 비롯한 모든 생명체 역시 신이 창조했다고 했지.
기독교를 비롯한 많은 종교가 창조론을 설파했고,
그 종교를 믿는 사람들은 창조론을 신봉했어.
그들은 또한 각 생물 종은 그 모습과 특성이 고정되어 있다고
생각했어. 새로운 종이 생겨나거나, 기존의 종이 다른 종으로 변하지
않는다는 거야. 이를 '**종의 고정성**'이라고 해.
종의 고정성은 종교적 신념과도 연결되어 있었어.
전지전능한 신이 창조한 생명체는 완벽할 수밖에 없는데
각 생물 종의 모습과 특성이 어떻게 변할 수 있냐는 거지.

이 시기, 다윈은 갈라파고스 제도에서 다양한 동물들을 관찰한 후, 생물들이 각기 다른 환경에 적응하면서 조금씩 달라진다는 것을 깨달았어. 1859년, 다윈은 **《종의 기원》**을 발표했어.

다윈은 고대인들이 육종을 하듯, 비둘기 사육사들이 비둘기를 **선택적으로 교배**, 즉 **인위로 선택**해서 원하는 특성을 가진 품종을 만드는 과정을 예로 들었어. **자연에서는 특정 환경에서 잘 적응하는 개체들이 선택**되어, 즉 **자연 선택이 일어나 진화가 이뤄진다**고 설명했지. 이를 **'진화론'**이라고 해.

전지전능한 신이 인간을 특별한 존재로 창조했다고 믿던

많은 사람이 다윈을 조롱하고 비판했어.

하지만 다윈의 주장을 받아들이는 사람들은 점점 늘어났지.

진화론은 과학계뿐만 아니라 사회에도 어마어마한 영향을 끼쳤어.

인간을 비롯한 모든 생물이 신의 창조물이 아니라

진화의 산물이라니! 사람들과 사회를 지배하던 종교의 영향이 크게

약화될 수밖에 없었던 거야.

Check it up 2 인물

유전과 멘델

과학자가 아니더라도 모두가 알고 있어.

자식은 부모를 닮는다는 걸!

그런데 자식은 어떻게 부모를 닮는 걸까?

사람뿐만 아니라 동물도 식물도 모두 제 부모를 닮아.

그래서 콩을 심어 콩을 얻고, 우유를 많이 생산하는 소가 낳은

소들을 교배해 젖소를 얻을 수 있었던 거야.

그런데 왜, 어떻게, 자식이 부모를 닮는지는 알지 못했어.

진화론 역시 그에 대한 답을 주지 못했지.

다윈을 비롯한 그 시대 많은 과학자는 물감이 섞이는 것처럼

부모의 특성이 마구 섞여 자식에게 전달되는 게 아닐까 생각했어.

그런데 1865년, 놀라운 논문이 나왔어.

오스트리아의 과학자 **그레고어 멘델**Gregor Johan Mendel, 1822~1884년이 쓴 〈식물의 잡종에 관한 연구〉였지.

이 연구는 완두콩 교배를 통해

부모의 형질(생물이 갖고 있는 생김새나 성질)이 자식에게 전달되는 데,

즉 **유전이 일어나는 데 일정한 법칙이 있음**을 보여 줘어.

멘델은 몇 세대에 걸쳐 흰색 꽃만 피운 완두콩과

보라색 꽃만 피운 완두콩, 즉 순종 완두콩을 교배했어.

그러자 1세대 자손에서는 모두 보라색 꽃이 피어났는데,

2세대에서는 대략 '보라색 꽃 3 : 흰색 꽃 1'의 비율로 피었어.

멘델은 또한 몇 세대에 걸쳐 씨앗 속이

노란색인 완두콩과 녹색인 완두콩,

즉 순종 완두콩을 교배했어.

그러자 1세대 자손은 모두 씨앗 속 색이

노랬는데, 2세대는

노란색과 녹색이 약 3:1의 비율이었어.

멘델은 씨앗의 모양, 콩깍지의 색과 모양, 꽃이 피는 위치,
줄기 길이 등 총 7가지를 기준으로 순종 완두콩을 교배해
같은 실험을 진행했는데 모두 같은 결과가 나왔어.

특징	부모 세대 (순종)			1세대 자손 (잡종 1세대)	2세대 자손 (잡종 2세대)
꽃 색깔	보라색	×	흰색	보라색	3.15 : 1
씨앗 색깔	노란색	×	녹색	노란색	3.01 : 1
씨앗 모양	둥글다	×	주름지다	둥글다	2.96 : 1
콩깍지 모양	매끈하다	×	잘록하다	매끈하다	2.95 : 1
꽃 위치	잎 겨드랑이	×	줄기 끝	잎 겨드랑이	3.14 : 1
콩깍지 색깔	녹색	×	노란색	녹색	2.82 : 1
줄기 길이	길다	×	짧다	길다	2.84 : 1

멘델은 이 실험을 통해 3개의 법칙을 발견했어.

첫 번째는 '**우열의 법칙**'(제1 법칙)이야.
완두콩은 순종 부모로부터 두 가지의 형질을 모두 물려받았어.
'보라색 꽃 / 흰색 꽃', '둥근 씨앗 / 주름진 씨앗'처럼 말이야.
하지만 1세대 자손에서는 하나의 형질만 나타났지.
이때 **드러나는 형질을 '우성', 드러나지 않는 형질을 '열성'**이라고 해.
보라색 꽃, 둥근 씨앗 등이 우성인 거야.

그런데 열성 형질이 드러나지 않았다고 사라지는 것은 아니야.
다음 세대에서 다시 나타날 수 있거든.
이는 멘델이 발견한 두 번째 법칙, '**분리의 법칙**'(제2 법칙) 때문이야.
2세대 자손에서 우성과 열성 형질이 나타난 비율이 약 3:1이었어.
어떻게 이런 일이 일어난 걸까?
멘델은 유전 물질이 쌍으로 존재하기 때문이라고 생각했어.
쌍으로 존재하던 유전 물질이 생식 세포가 형성될 때 '분리'되어
하나만 자손에게 전달된다는 거야.

세 번째는 '**독립의 법칙**'(제3 법칙)이야.

유전 물질이 쌍으로 존재할 수밖에 없는 이유

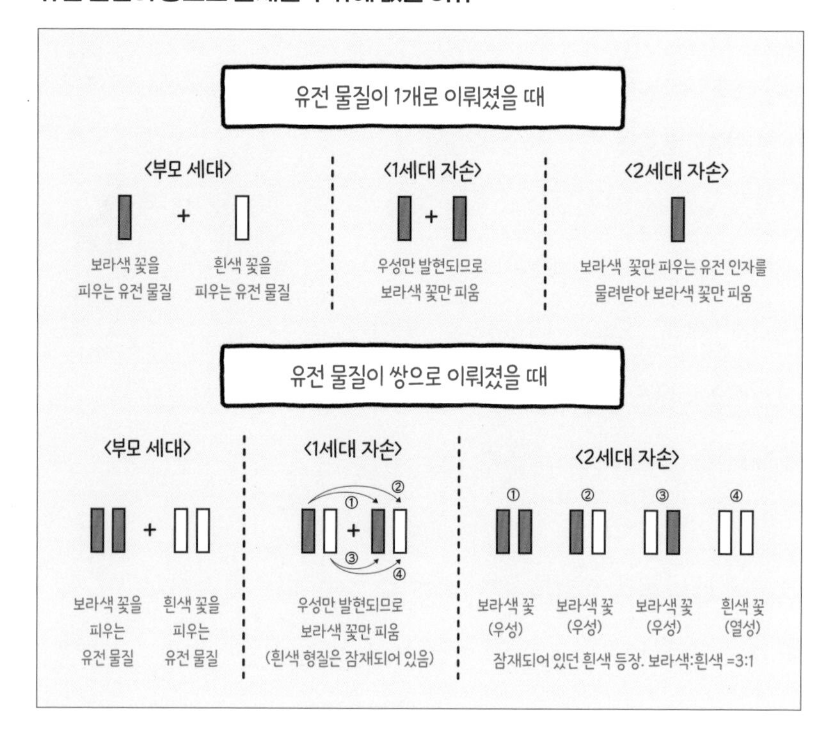

이는 한 형질의 유전이 다른 형질의 유전에 영향을 미치지 않고

서로 다른 형질들은 독립적으로 유전된다는 거야.

씨앗의 색(노란색, 녹색)과 씨앗의 모양(둥근 모양, 주름진 모양)처럼

두 가지 형질을 함께 교배해 관찰했는데

두 가지 형질은 서로 영향을 미치지 않았어.

1세대에는 우성 형질인 노란색 씨앗과 둥근 씨앗만 나왔고

2세대에서도 우성과 열성의 비가 약 3:1로 변함이 없었던 거지.

이 세 가지 법칙을

'**멘델의 유전 법칙**'이라고 하는데

멘델이 이 법칙을 논문으로 발표했을 땐

아무도 관심 없었어.

멘델이 세상을 떠날 때까지도!

ⓒWikimedia

유전학의 아버지, 멘델

멘델은 수도사였지만, 누구에게도 뒤지지 않는 열정을 가진 과학자이기도 했어. 종교인이 된 건, 가정 형편이 어려워 공부를 계속하기 위한 선택이었다고 해.

그러다 1900년, 식물의 유전을 연구하다

멘델과 같은 결론을 얻은 식물학자들이

30여 년 전 멘델이 이미 자신들과 같은

결론을 발견했음을 알게 됐지.

멘델이 발견한 유전 법칙은 그들에 의해 널리 알려지면서

제대로 평가받기 시작했어.

특히 영국의 식물학자 윌리엄 베이트슨William Bateson, 1861-1926년은

멘델과 유전 법칙을 널리 알리는 데 발 벗고 나섰어.

멘델의 유전 법칙이 유전 현상을 설명하는 데 가장 적합하다고

생각했기 때문이야.

베이트슨은 1905년, '유전학Genetics'이라는 단어를 처음으로 사용했고

지금은 생물학의 한 분야인 유전학의 창시자로 인정받고 있어.

Check it up 3 상식

염색체, DNA 그리고 게놈 프로젝트

이후로 멘델의 연구는 **염색체 이론**과 결합하게 돼.

염색체 이론을 알기 전에 염색체가 뭔지부터 알아볼까?

생물의 기본 단위는 세포야. 과학자들은 세포를 연구해서,

세포가 여러 물질로 구성되어 있음을 알게 됐지.

이 물질들은 작은 기관으로 각각의 기능이 있었어.

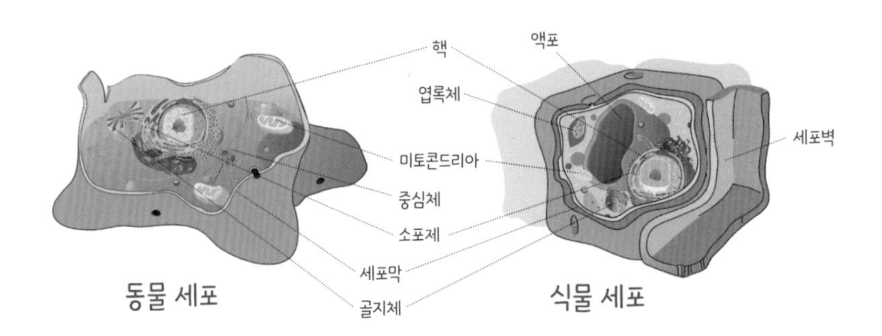

그리고 이 작은 기관 가운데

핵이 세포에서 일어나는 모든 생명 활동의 중추임도 알게 됐어.

그런데 세포핵 속에 염색이 잘 되는 작은 입자가 있었어.

그래서 나중에 '염색체'라고 이름 붙였지.

세포핵의 구조

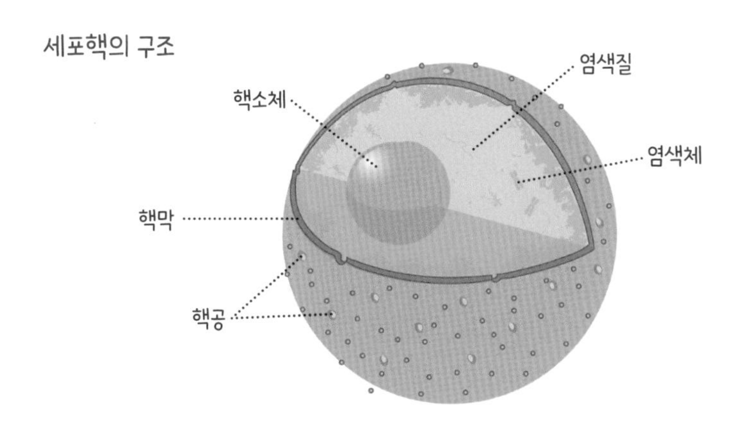

1879년, 독일의 동물학자 발터 플레밍Walther Flemming, 1843~1905년은

세포가 분열하는 과정에서 염색체가 복제되고 나눠지는 현상을 발견했어.

그리고 1902년, 미국의 생물학자 월터 서턴Walter Sutton, 1877~1916년과

독일의 세포학자 테오도어 보베리Theodor Boveri, 1862~1915년는

염색체가 부모로부터 자손에게 유전 물질을 전달하는 중요한 역할을 한다는 사실을 처음으로 체계적으로 설명했어.

이게 바로 염색체 이론이야.

이후 **염색체 이론은 실험으로 증명**됐어.

1909년, 유전 물질은 '유전자'라고 부르게 되었는데,

토머스 헌트 모건Thomas Hunt Morgan, 1866~1945년이

초파리를 이용한 교배 실험을 통해

'**유전자가 염색체에 있음**'을 보여 줬어.

이후 과학자들은 염색체 연구에 몰두했어.

염색체는 염색사라는 물질이 뭉쳐진 구조였어.

염색사는 DNA데옥시리보핵산, Deoxyribo Nucleic Acid가

히스톤 단백질을 엮으며 생긴 실 같은 모양이었고.

염색체의 구조

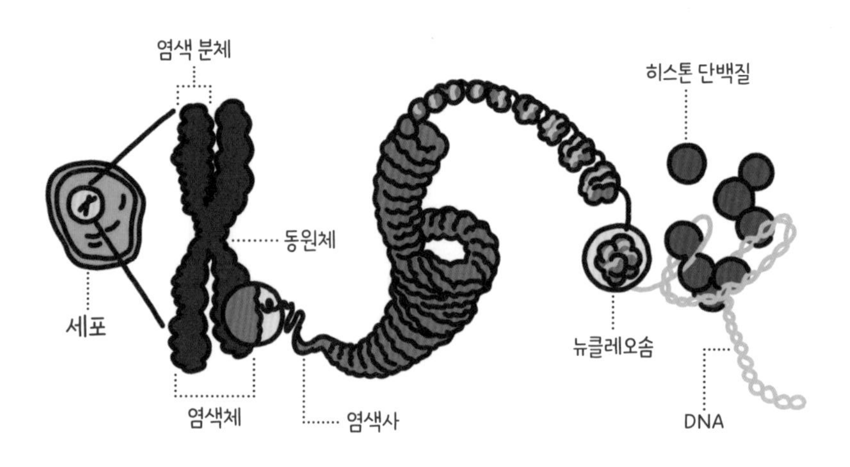

과학자들은 처음에는 단백질에 유전자가 들어있을 걸로 생각했어.

하지만 유전자는 DNA에 있었어.

1952년, 바이러스의 일종인 박테리오파지를 이용한 실험으로

DNA가 박테리아에 들어가 **유전 정보를 전달한다**는 것을 밝혀냈거든.

이제 알았다!
내가 아빠를 닮은 건, 아빠의 DNA가
내게 유전 정보를 전달했기 때문이구나!

그리고 바로 이듬해인 1953년,

제임스 왓슨James Watson, 1928년~과 프랜시스 크릭Francis Crick, 1916~2004년은

DNA의 구조를 알아냈어.

DNA는 두 가닥으로 이루어진 이중 나선 구조였지.

나선형 구조의 각 가닥은 염기쌍A-T, G-C으로 연결되어 있었어.

그 구조 덕분에 DNA는 스스로를 복제해서

유전 정보를 자손에게 전달할 수 있었어.

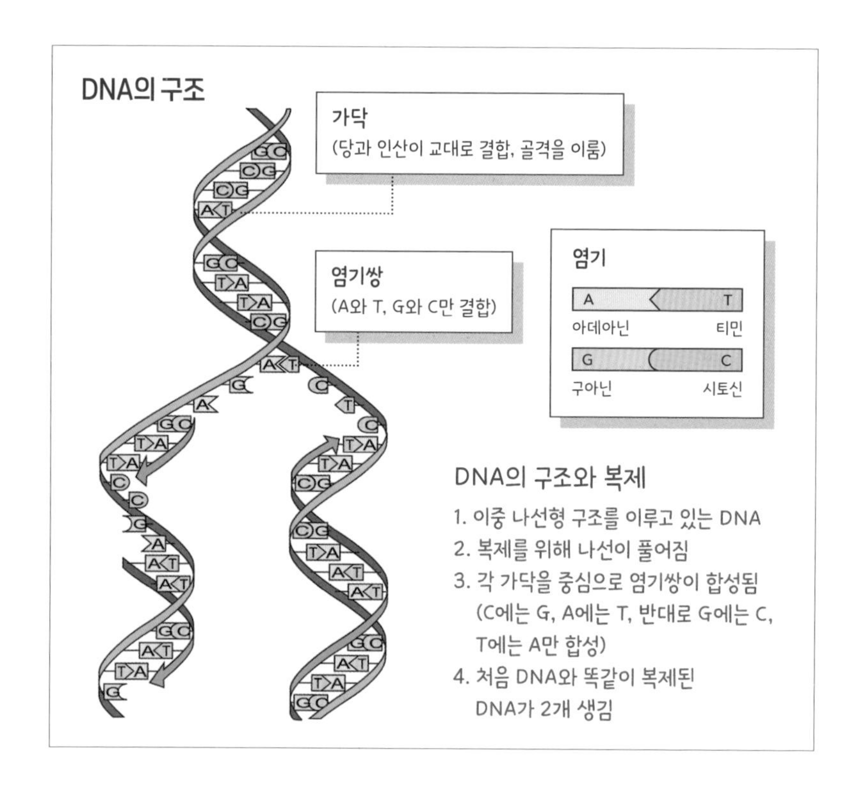

세포로 이루어진 모든 생물은 유전 물질로 DNA를 가지고 있어.

그리고 DNA의 구간구간에는 특정한 형질에 대한

유전 정보가 저장되어 있어.

어떤 구간에는 머리카락의 색깔이, 또 어떤 구간에는 쌍꺼풀에 대한 정보가, 또 어떤 구간에는 당뇨병이나 암과 같은 질병에 대한 정보가 저장되어 있는 거야.

이렇게 **특정 형질에 대한 정보가 저장된 DNA의 구간이 바로 '유전자'**야.

염색체와 유전자, 그리고 DNA

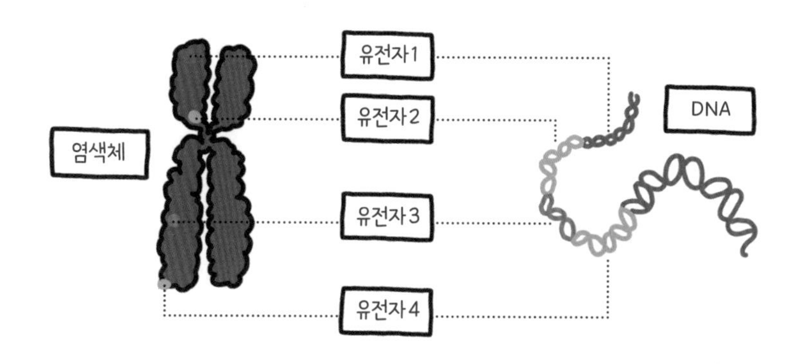

	DNA	유전자	염색체
개념	염기들이 특정 순서로 배열된 긴 사슬 구조로 생명체의 유전 정보를 저장하는 분자	생명체의 형질과 기능을 결정하는 DNA의 특정 구간	DNA가 응축되어 만든 구조
구조	특정 순서로 배열된 염기 서열 두 가닥이 이중 나선 구조를 형성	수백에서 수천 개의 염기쌍으로 이루어짐	세포 내에서 DNA가 단백질과 응축되어 촘촘하게 감겨 있는 형태
역할	생명체의 모든 유전 정보를 저장하고, 그 정보를 바탕으로 단백질 합성 및 세포 기능 조절	생명체의 다양한 형질을 형성하는 데 중요	유전 정보를 정확하고 안정적으로 저장 혹은 전달하는 매개

DNA의 구조가 밝혀지면서

생물학은 **분자 수준에서 생명 현상을 이해**할 수 있게 되었어.

DNA에 관한 연구는 다른 생물체에 대한 이해와

생물체 간의 관계를 이해하는 데도 큰 도움이 됐어.

모든 생물체는 기본적으로 동일한 DNA를 사용해 유전자를 전달해.

이는 **모든 생물체가 공통의 진화적 조상을 공유한다는 증거**가 되지.

그래서 종이 다른 생명체라 할지라도 같은 유전자를 갖고 있어.

예를 들어, 인간과 침팬지는 98% 이상의 DNA 서열이 같아.

인간과 쥐의 경우 약 85% 이상의 유전자를 공유하고.

이는 인간과 다른 동물이 유사한 생리적, 생화학적 과정으로

생장하고 번식한다는 것을 의미하지.

그럼에도 생물체마다 고유한 특성과 기능을 가진 건

생물체마다 유전자 수, 염색체 수,

그리고 특정 유전자나 유전자군의 발현 패턴 등이 다르기 때문이야.

이런 차이로 인해 쥐는 쥐고, 침팬지는 침팬지고

인간은 인간인 거지.

인간과 다른 동물들의 유전자 비교

구분	유전자 수	염색체 수
인간	약 20,000~25,000개로 생명 현상과 기능을 조절	23쌍(총 46개)의 염색체 이 중 22쌍은 상염색체, 1쌍은 성염색체(X와 Y)
침팬지	약 20,000~25,000개 정도로 인간의 유전자 수와 거의 동일	24쌍(총 48개)의 염색체
생쥐	약 22,000개의 유전자가 있으며 많은 유전자가 인간과 유사	20쌍(총 40개)의 염색체 인간과 유사한 생리적 특성 때문에 실험용으로 많이 사용
초파리	약 13,000개의 유전자가 있으며 인간의 유전자와 유사한 기능을 하는 유전자가 많음	4쌍(총 8개)의 염색체 유전자 연구에 널리 사용
대장균	약 4,300개의 유전자가 있으며 이는 기본적인 세포 기능을 담당	5쌍(총 10개)의 염색체 생물학 연구의 모델 생물

이후 **과학자들은 유전자 기능을 알아내는 연구에 몰두**했어.

또 **유전자를 복제하거나 변형하려고** 했어. 그러면

질병을 일으키는 원인을 찾고 병을 치료할 수 있다고 생각했거든.

그런 기술은 농업에도 큰 도움이 될 수 있었어.

병충해에 강한 옥수수, 더 크게 자라 더 많은 고기를 생산할 수 있는

돼지와 같은 동식물을 만들어 낼 수 있을 테니까.

이런 동식물이 생기면 식량 문제 해결에도 큰 도움이 되겠지?

뿌리에서는 감자가, 잎에서는 토마토가 열리는 식물을 만들어 낸다면

농사짓는 데 필요한 땅을 만들기 위해 숲을 훼손하는 일도

줄어들 거야. 농사짓는 데 필요한 땅이 그만큼 줄어들 테니까.

멸종 위기에 몰린 생물을 보존하는 데도

유전자 복제와 변형 기술은 유용하게 쓰일 수 있었어.

이에 따라 생물학의 중요성이 더욱 커졌어.

더불어 **생명공학이라는 분야가 크게 주목받고 발달**하기 시작했지.

생물학이 생명체의 기본 원리를 이해하는 데 중점을 둔

기초과학이라면,

생명공학은 생물학적 원리를 활용해

인간의 필요에 맞는 제품이나 기술을 개발하는 데 중점을 둔

응용과학이야.

생물학적 지식을 이용해 병을 고치고, 치료제를 개발하고,

환경 훼손을 막고, 멸종 위기 동물을 구하는 게 생명공학인 거야.

'**인간 게놈 프로젝트**Human Genome Project, HGP'도 시작했어.

게놈Genome이란 유전체라고도 하는데

한 생물체의 모든 유전 물질의 총합을 뜻해.

이 계획은 인간의 전체 DNA 서열, 즉 약 30억 개의 염기쌍을 해독해

각 유전자의 위치와 기능을 이해할 수 있는

일종의 유전자 지도를 만들려고 했던 거야.

1990년에 시작된 이 연구는 2003년에 완료됐는데, 이로써

인간 게놈에 포함된 약 20,000~25,000개의 유전자를 식별하고,

유전자의 생물학적 기능과 유전자와 질병의 연관성을 연구하는

토대를 마련할 수 있었어.

2018년에는 지구상 모든 생물의 유전체를 분석하는

지구 바이오게놈 프로젝트 Earth BioGenome Project, EBP도 시작했어.

약 150만 종의 생물 유전체를 분석하려는 거야.

이런 연구를 통해 생물학은 더욱 발전하고

우리는 생명의 기원과 본질에 대한 이해에 한 걸음 더 다가갈 수

있을 거야. 그리고 생명공학을 통해 우리에게 필요한 제품과 기술을

더 풍부하게 만들어 낼 수 있을 거야.

아주 오래전부터 사람들은 생물학적 지식을 바탕으로
인간에게 필요한 제품을 만들어 왔어.
농사와 목축을 하면서 종자를 개량하고
효모와 같은 미생물을 이용해
김치와 같은 발효 음식을 만든 게 대표적이지.
그리고 DNA의 발견과 규명으로
생명공학자들은 우리에게 필요한 제품과 기술을
본격적으로 개발하기 시작했어.
그 가운데 인간의 생명과 건강을 위한
생명공학 기술들을 알아볼까?

Level 2

생명공학이 인간과 만났을 때

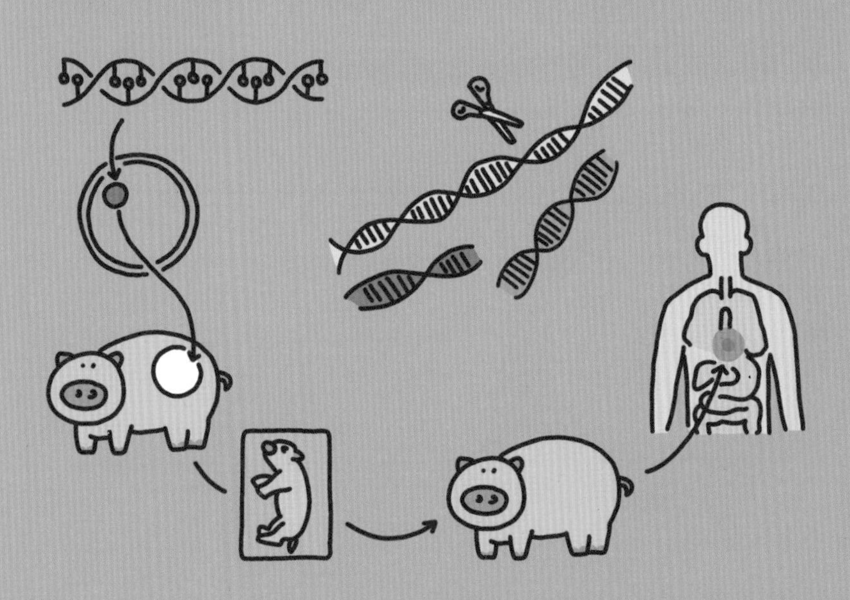

오리고 자르고 바꾸고

<쥬라기 공원>이라는 영화 알지?
알지! 공룡이 나오는 영화잖아! 섬에 몰아넣었던 공룡들이 도시로 탈출하는 바람에 난리가 나지. 생각만 해도 끔찍해!

그런데 6,700만 년 전 멸종한 공룡이 어떻게 살아났는지 알아?
물론 영화에서 말이야!
그러게? 인간이 지구에 탄생하기도 전에 멸종했던 공룡들이 어떻게 다시 나타난 거지?

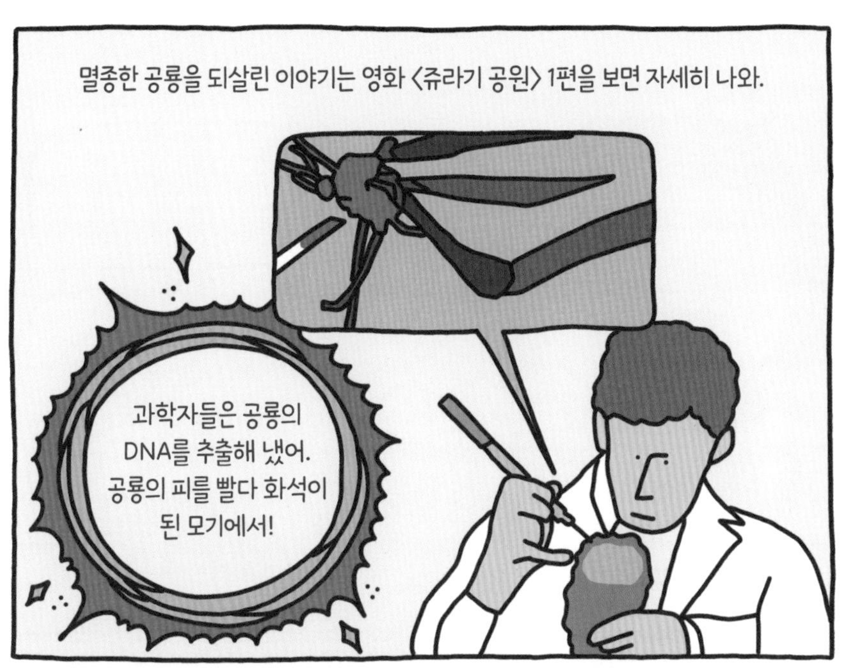
멸종한 공룡을 되살린 이야기는 영화 〈쥬라기 공원〉 1편을 보면 자세히 나와.
과학자들은 공룡의 DNA를 추출해 냈어. 공룡의 피를 빨다 화석이 된 모기에서!

그 DNA를 이용해 공룡을 복원한 거야!
JURASSIC PARK
와, DNA만 있으면 생명체를 만들어 낼 수 있는 거야?

아니! DNA만으로 생명체를 만들어 낼 수는 없어!
DNA에는 생명체에 대한 정보만 들어 있을 뿐이니까.
아무리 훌륭한 요리사라도 요리책만으로 요리를 만들 수 없는 것과 같아.
DNA
COOKING

하지만 과학자들은 매머드의 DNA를 이용해 매머드를 복원하려 하고 있지.
??
?
DNA만으로는 생명체를 만들어 낼 수 없다면서 !
다시 영화 이야기로 돌아가 볼게.

영화 <쥬라기 공원> 속 모기에서 공룡 DNA를 채취할 때
공룡의 모든 DNA를 얻은 건 아니었어.
DNA가
손상된 부분이 많았지.
그 부분에 개구리의
DNA를 끼워 넣어
공룡을 복원했어.
개구리 DNA

매머드 복원에는 이와 비슷한 방법을 사용하고 있어.
먼저 매머드의
DNA를 분석하고,
살아 있는 매머드의 친척인
아시아코끼리 DNA와
비교하는 거야.

그러면 매머드만의 DNA를 식별할 수 있겠지?
이렇게 식별된 매머드의 DNA를 '유전자 편집 기술'로 아시아코끼리 DNA에 끼워 넣어.
유전자를 자르고 붙일 수 있다는 거구나!

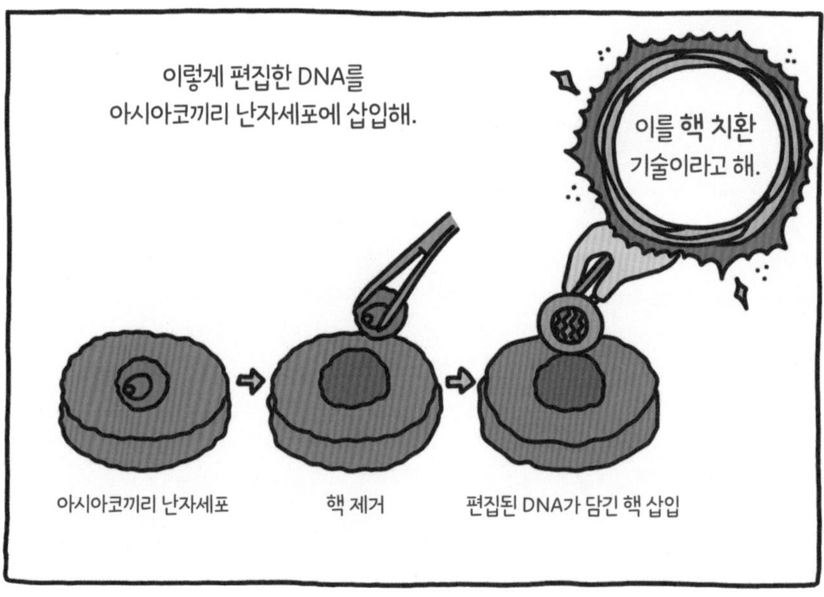
이렇게 편집한 DNA를 아시아코끼리 난자세포에 삽입해.
이를 핵 치환 기술이라고 해.
아시아코끼리 난자세포
핵 제거
편집된 DNA가 담긴 핵 삽입

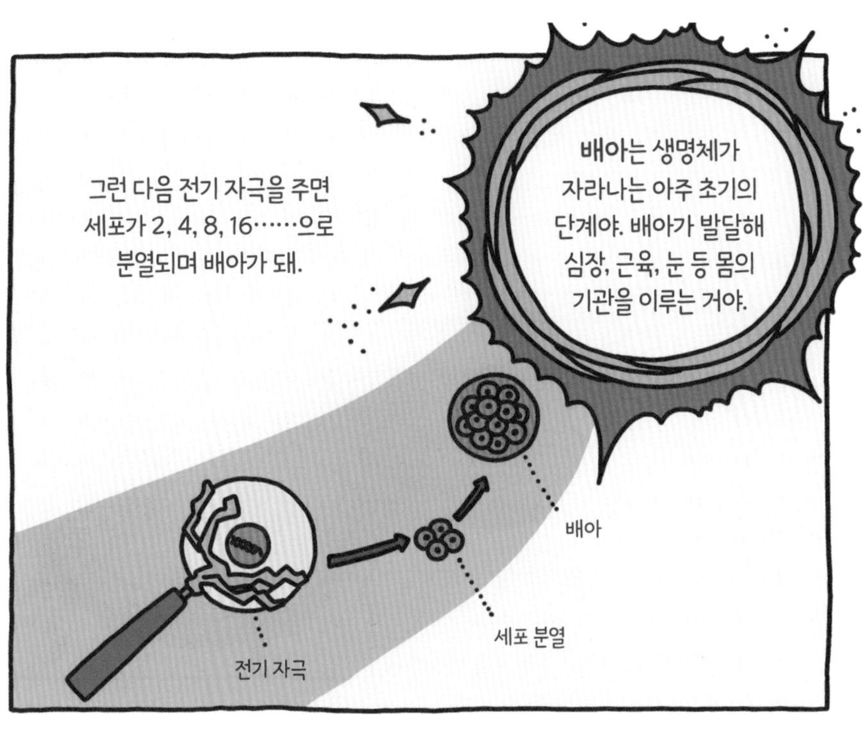
그런 다음 전기 자극을 주면
세포가 2, 4, 8, 16……으로
분열되며 배아가 돼.
배아는 생명체가
자라나는 아주 초기의
단계야. 배아가 발달해
심장, 근육, 눈 등 몸의
기관을 이루는 거야.
배아
세포 분열
전기 자극

그 배아를 아시아코끼리 암컷의 자궁에 착상시키면 매머드가 태어날 수 있지!
헉! 내가 쟤를 낳은 거야?
언제쯤이면 진짜 매머드를
볼 수 있는 거야?

현재 과학자들은 매머드의
유전 정보를 찾아내고 있어.
시베리아의 추운 날씨 덕분에
유리처럼 보존됐어요.
5만 2천 년 전 매머드의
피부 화석이군요!
그래서 지금까지 발견된
매머드 DNA보다 100만 배 이상
긴 DNA를 얻을 수 있었어요!
매머드 DNA가 문제구나……
그런데 매머드 복원을 위한 기술은
다 개발되어 있다는 거야?

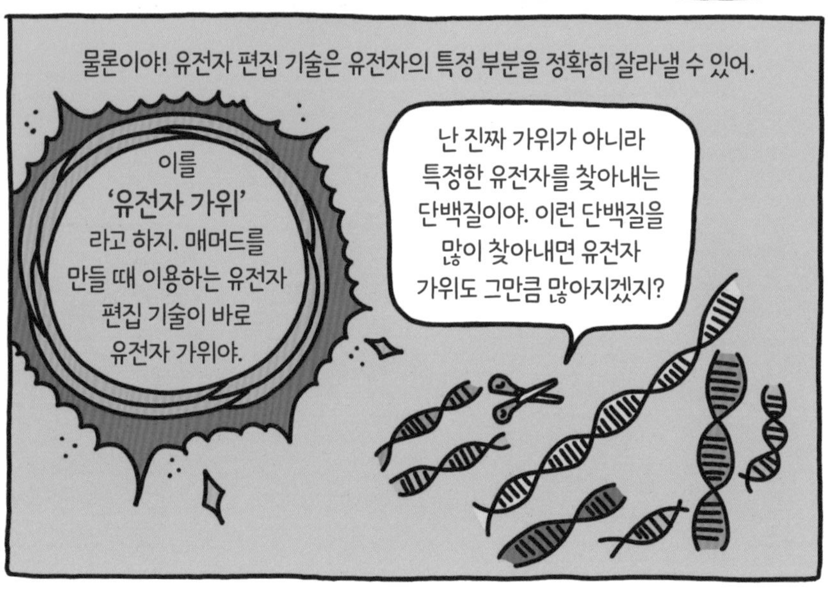
물론이야! 유전자 편집 기술은 유전자의 특정 부분을 정확히 잘라낼 수 있어.
이를
'유전자 가위'
라고 하지. 매머드를
만들 때 이용하는 유전자
편집 기술이 바로
유전자 가위야.
난 진짜 가위가 아니라
특정한 유전자를 찾아내는
단백질이야. 이런 단백질을
많이 찾아내면 유전자
가위도 그만큼 많아지겠지?

핵 치환 기술을 통해서는 복제 동물도 만들어 냈어.
나는 최초의 복제 양, '돌리'야. 핵 치환 기술로 우리 엄마 세포의 핵으로 배아를 만들어, 엄마 자궁에 착상시켜 내가 태어났대.

대단한데! 또 없어? 유전자 편집, 핵 치환 기술과 같은 첨단 기술로 과학자들이 이뤄낸 대단한 일들 말이야!
당연히 더 있지! 알고 싶으면 얼른 따라오라고!
알았어! 얼른 알려 줘!

Check it up 1 의학

목숨을 살리는 생명공학

생명공학 기술에 대한 기대가 가장 큰 분야는 어디일까?
뭐니 뭐니 해도 '의학' 분야가 아닐까 싶어.
사람의 목숨을 다루는 의학에 생명공학 기술이 접목되면
수많은 사람의 생명을 살릴 수 있거든.

특히 장기 이식을 기다리는 환자들에게 큰 희망이 될 수 있어.
전 세계에는 다른 사람의 심장이나 신장, 폐, 간 등 장기를
이식받아야만 목숨을 부지할 수 있는 사람들이 수백만 명이라고 해.
생명공학은 이런 환자들을 위해
유전자 편집된 장기를 인체에 이식하는 기술을 개발하고 있어.

2022년, 미국 메릴랜드대학교 의과 대학 교수들은
심장 질환으로 살아날 가망이 없는 환자에게 돼지 심장 이식을
제안했어.
환자는 지푸라기라도 잡는 심정으로 그 제안을 받아들였지.
결과는 성공이었어. 환자가 오래 살지는 못했지만,
돼지 심장을 인간에게 이식한 최초의 성공 사례였던 거야.
그런데 어떻게 돼지의 심장을 사람에게 이식할 수 있었을까?
그 돼지는 **유전자 편집 돼지**였기 때문이야.

과학자들은 1960년대부터
돼지의 장기를 사람에게 이식할 방법을 찾았어.
돼지의 장기는 사람 장기와 크기가 비슷해.
게다가 생리학적 현상(생물체에서 일어나는 물리적 화학적 현상)도 유사해서
일찍부터 돼지를 이용한 장기 이식을 연구했어.
하지만 아무리 비슷해도 돼지는 돼지고 사람은 사람이잖아?
돼지의 장기를 있는 그대로 사람에게 이식할 수는 없었어.
사람의 유전자, 사람의 면역 체계(면역 세포가 생성되고 반응하는 체계)**와**
비슷한 돼지를 만들어야만 했지.
그렇게 만든 돼지가 바로 유전자 편집 돼지야.

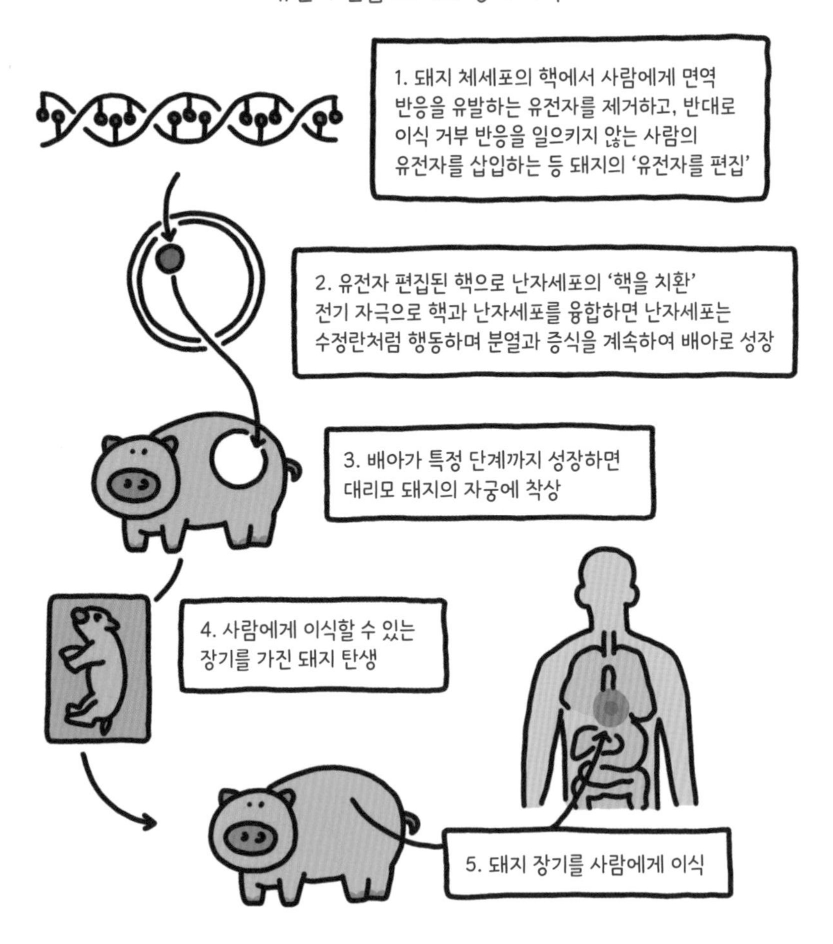

2024년에는 미국 매사추세츠 병원 의료진이 최초로

유전자 편집 돼지에서 생산된 신장을 환자에게 이식했어.

환자는 2달 가량 생존했다고 해.

'인공 장기' 개발 연구도 진행되고 있어.

인공 장기란 글자 그대로 사람이 만든 장기인데

인공 장기를 만들기 위해서는 **'줄기세포**stem cell'가 필요해.

우리 몸의 세포는 여러 종류가 있어.

우리 혈액 속에서 산소를 운반하는 적혈구, 간을 구성하는 간세포,

정자와 난자와 같은 생식세포 등 230여 종류가 있다고 하지.

이런 세포들은 우리 몸에서 자기 이름에 걸맞는 역할을 해.

근육 세포가 근육을 이완하고 수축해서 움직일 수 있게 하고

신경 세포가 눈코입으로 들어온 자극을 뇌에 전달하는 것처럼 말이야.

줄기세포는 식물의 줄기처럼 무엇이든지 될 수 있는

분화의 출발점이 되는 세포야.

세포가 특정 기능을 수행할 수 있도록 성질이 바뀌는 것을 '분화'라고 하는데

줄기세포는 혈액, 신경, 근육, 연골, 심장, 신장 등

인체 조직의 세포로 분화할 수 있는 능력을 갖추고 있지.

이러한 줄기세포는 크게

배아에서 찾아내는 배아 줄기세포embryonic stem cell와 성인의

체세포에서 추출할 수 있는 성체 줄기세포adult stem cell가 있어.

이 **줄기세포를 배양해서 필요한 조직이나 장기를 만들려고** 하는 거야.

줄기세포는 장기 이식뿐만 아니라 **질병 치료에도 이용**되고 있어.
추출한 줄기세포를 특정한 환경에서 증식시키고 분화시키면 손상된
장기나 조직을 재생시키고 치료할 수 있거든.

무리한 운동으로 연골이 닳아 통증에 시달리거나, 나이가 들어
연골이 닳아 관절염으로 걷기도 힘든 노인이 많아.
이런 분들에게는 **연골 조직을 재생하고 통증을 줄여 주는 약**이 필요한데,
제대혈(아기의 탯줄에 있는 혈액)에 있는 중간엽줄기세포를 이용해
치료제를 만들었어. 제대혈 속 중간엽줄기세포는
연골, 뼈, 지방 등으로 분화할 수 있는 줄기세포인데,
염증을 억제하고 조직 재생을 돕는 물질을 분비하기도 해.

줄기세포를 이용해 **루게릭병 치료제**도 개발했어.
루게릭병은 운동신경세포가 사멸해 움직일 수 없고
말도 할 수 없게 되다 심장 근육, 폐 근육도 움직일 수 없어
결국 숨을 거두고 마는 병이야.
루게릭병 치료제는 자가골수유래 중간엽줄기세포를
이용해 만들었어. 이 줄기세포는 이름처럼 골수에서 추출하는데
뼈, 연골, 근육 등의 조직으로 분화할 수 있어.

또 손상된 신경 세포를 복구하는 기능이 있는데

이 기능이 루게릭병 환자의 운동신경세포 사멸을 줄여 주는 거야.

그런데 줄기세포 이용은 윤리적 문제를 갖고 있어.

배아 줄기세포의 경우가 특히 그렇지.

배아 줄기세포는 배아를 해체해서 찾아내야 해.

그런데 배아는 계속 분화되어 생명체로 자라날 수 있는 생명체의 시작이잖아?

즉 배아가 아기가 되는 거라고.

그래서 배아를 해체하는 게 윤리적으로 옳지 않다고 여긴 거야.

이 때문에 과학자들은 배아 줄기세포보다는

성체 줄기세포를 이용한 연구를 많이 하려고 했어.

하지만 성체 줄기세포도 문제가 있었어.
배아 줄기세포는 어떤 조직으로, 또 장기로도 분화할 수 있지만
성체 줄기세포는 특정한 조직으로만 분화돼.
그래서 성체 줄기세포마다 이용할 수 있는 분야가 한정돼 있어.
골수 줄기세포는 뼈와 근육, 적혈구 같은 혈구 세포로만
분화될 수 있고, 피부 줄기세포는 피부만,
후각 신경 줄기세포는 후각 신경 세포로만 분화되도록 정해진 거야.

그래서 배아 줄기세포처럼 무엇이든 될 수 있으면서
배아를 해체하지 않아 윤리적으로 문제가 되지 않는
유도 만능 줄기세포 Induced Pluripotent Stem Cells, iPSCs를 생각해 냈어.
유전자 리프로그래밍 기술을 이용해
체세포를 배아 줄기세포처럼 만들자는 아이디어였지.
이를 연구하던 일본의 의사 야마나카 신야Yamanaka Shinya, 1962년~ 는
최초로 쥐의 체세포로 유도 만능 줄기세포를 만드는 데 성공했어.
그 세포로 난자를 만들어 새끼까지 낳았지.
이 공로로 신야는 2012년 노벨 생리의학상을 받았어.
유도 만능 줄기세포 개발 성공은
1953년, DNA 구조를 밝혀낸 것과 비견될 정도로 대단한 성과였거든.

줄기세포 연구자들은 유도 만능 줄기세포를 이용해

오가노이드도 만들고 있어.

오가노이드는 실제와 유사한 구조와 기능을 가진

미니 장기를 말해.

이 미니 장기를 이용하면 특정한 질병이 우리의 장기에,

그것도 세포 수준에서 어떤 영향을 미치는지 알 수 있어.

신약 개발에도 오가노이드는 유용해.

예를 들어 신장 오가노이드로

신장 질환 연구와 약물 독성 테스트를 하면

약물이 신장에 미치는 영향을 분석할 수 있는 거야.

이런 오가노이드를 배아 줄기세포로 만들면

윤리적 문제가 생겨 연구가 위축될 수 있지만

유도 만능 줄기세포를 이용하면 걱정이 없어.

게다가 질병 연구나 신약 개발을 위해

동물 실험을 할 필요도 없어.

동물 대신 오가노이드로 실험하면 되니까,

동물 실험으로 인한 윤리적 문제도 사라질 수 있겠지?

반면 연구 결과는 동물 실험보다 훨씬 더 정확할 거야.

오가노이드는 우리 인간의 장기와 다를 게 없으니까.

유전자 편집, 줄기세포와 관련된 기술 외에도
생명공학은 우리의 건강과 생명을 지키는 데 이용되고 있어.

대표적인 게 **유전자 서열 분석**게놈 시퀀싱 기술이야.
유전자 서열 분석은 생명의 정보가 새겨진
DNA 염기 서열을 해독하고
그 순서를 정확히 파악하는 기술이야.
2003년, 한 명의 유전체 서열 분석에
13년에 걸쳐 3조 원 가까운 비용이 들었지만
요즘은 한 명의 유전체를 분석하는 데 약 200달러(약 27만 원),
시퀀싱 장비 1대로 1년에 2만 명 이상의 유전체를 분석할 수 있을
정도로 유전자 서열 분석 기술은 엄청나게 발전했어.
덕분에 질병을 조기에 발견하는 데 큰 보탬이 되고 있어.
정상인과 환자의 유전자 서열을 비교하면 병의 유무를 금세 알 수
있으니까.

유전적 또는 세포적 수준에서 질병을 치료하거나 예방하는
'**세포 유전자 치료**'도 있어.
대표적인 게 혈액암 치료제인 CAR-TChimeric Antigen Receptor-T Cell인데

CAR-T는 환자의 면역 세포인 T세포를 유전적으로 변형해서

암세포를 공격하도록 만든 거야.

이러한 생명공학 기술의 발전으로 의학은

장기 이식이 필요한 환자라면 그 환자의 체세포를 이용해

유도 만능 줄기세포를 만들고, 장기를 배양해 이식하면

거부 반응이 일어나지 않는 개인 맞춤형 장기가 될 거야.

환자의 세포로 오가노이드를 만들고

환자에게 약물을 투여하기 전에 오가노이드에 먼저 투여해 보면

약물이 환자에게 미치는 영향을 분석해 더 정밀한 치료법을

찾아낼 수 있을 거고.

Check it up 2 농업

농업을 위한 생명공학

생명공학 기술이 각광받는 또 하나의 분야는 '농업'이야.

농업은 인간이 살아가는 데 가장 필요한 것 가운데 하나인 '음식'을 제공하는 산업이야.

농업이 제 역할을 하지 못해 사람들에게 필요한 음식을 제공하지 못하면 사회가 혼란스러워질 수밖에 없어.

대표적인 예가 시리아 내전이야.

2006년부터 2011년까지 시리아는 극심한 가뭄을 겪었어.

농업 생산량은 크게 줄었고, 식량 가격은 폭등했지.

빈민들의 불만은 커졌고, 이것이 도화선이 돼 내전이 일어난 거야.

생명공학은 이러한 문제를 해결하는 데 큰 도움을 줄 수 있어.

대표적인 게 **분자 육종 기술**을 이용한 **고수확 작물 개발**이야.

분자 육종 기술이란 옛날 사람들이 씨가 적고 달콤한 과즙을 가진 수박을 만들어 낸 것과 같은 전통적인 육종 방법에 **분자 생물학** 기술을 접목해 작물의 유전적 특성을 개선하는 기술이야.

또 **유전자 변형 기술**을 이용하면 옥수수, 벼와 같은 작물에 낱알이 많이 달리게 할 수 있어.

해충에 강한 형질을 갖도록 외부 유전자를 삽입하거나 내부 유전자를 변형해 품종을 개량할 수도 있지. 최근에는 우수한 형질을 도입하거나, 원치 않는 형질을 제거하고 있어.

유전자 변형 기술

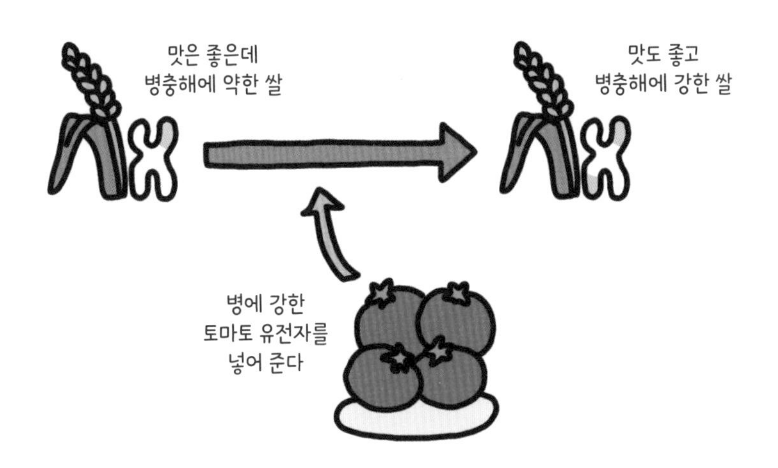

이러한 기술은 작물뿐만 아니라 가축에도 적용할 수 있어.

가축을 기를 때 가장 걱정되는 것 가운데 하나가 감염병이야.

구제역, 조류 인플루엔자 같은 감염병 말이야.

이런 감염병이 돌면, 키우던 닭이나 돼지, 소 등을 모두

살처분하기도 해. 혹시라도 감염병에 옮았거나 옮길까 봐

멀쩡한 가축들을 죽이는 거지.

키우던 가축이 사라지면 축산 농가는 큰 피해를 볼 수밖에 없겠지?

그런데 그 피해는 축산 농가뿐만 아니라 소비자들에게도

영향을 미쳐. 구제역이 돌아 소가 죽거나 살처분되면

시장에 풀리는 소고기가 줄어들잖아?

그러면 소고깃값이 올라 소고기 관련 음식점을 하는 사람들은 물론

소고기를 사 먹는 소비자들도 영향을 받을 수밖에 없어.

그래서 영국의 한 생명공학 회사는

돼지생식기호흡기증후군 저항성 돼지를 개발했어.

돼지생식기호흡기증후군에 걸리면

임신한 엄마 돼지 몸속의 아기 돼지들이 죽고 마는데,

유전자를 편집해 이 위험성을 줄인 거야.

덕분에 돼지를 키우는 축산업자는 물론 돼지고기를 먹는

소비자들의 피해가 훨씬 줄어들 거야.

생명공학 기술을 이용하면 고기를 길러서 먹을 수도 있어.

세포의 배양과 분화를 통해 고기를 생산하는 거야.

이렇게 길러낸 고기를 **배양육**이라고 해.

배양육은 동물에서 추출한 세포를 무한하게 증식시키고

세포가 근육, 지방 등 특정한 조직으로 분화되게 유도해서

진짜 고기와 같은 질감을 재현하고 있어.

2013년, 네덜란드에서 세계 최초 배양 소고기 햄버거가 출시됐어.

우리나라의 연구팀은 배양 소고기에

고기를 굽거나 요리할 때 생기는 맛과 풍미까지 가미한

배양육을 개발하려고 하고 있어.

질감은 물론 맛과 냄새까지 진짜와 같은 소고기를 만들려는 거야

2020년에는 싱가포르에서 세계 최초로 배양 닭고기를 출시했지.

가축을 기르려면 땅이 필요해.

그런 땅을 만들기 위해 사람들이 숲을 훼손해서 큰 문제가 되고 있지.

배양육은 그런 문제를 해소할 수 있어.

배양육이 일반화되면 고기는 목장이 아닌 실험실에서

만들어질 테니까.

또한 가축을 기르는 과정에서 일어나는 윤리적인 문제도

해소할 수 있어. 돼지, 소, 닭과 같은 가축을 기를 때

살아 있는 동안 행복하고 안전하게 살 수 있게 보호해 줘야 한다고

생각하는 사람이 점점 많아지고 있어.

그러려면 가축을 키우는 데 더 넓은 땅이 필요하고 더 많은 돈이 들지.

하지만 배양육은 그런 문제가 없겠지?

배양육을 진짜 고기처럼 만들기

위해서 **3D 바이오 프린팅 기술**을

이용하고 있어.

3D 바이오 프린팅 기술을 활용하면

세포를 원하는 형태로 배열해

고기 조직의 질감과 구조를

그대로 만들어 낼 수 있거든.

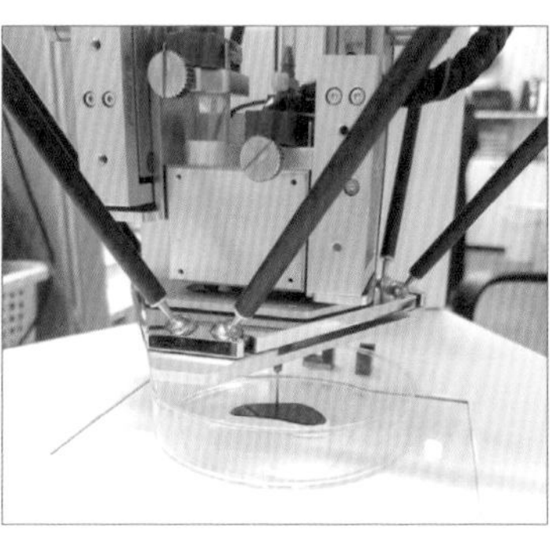

©팡세

배양육을 프린팅하는 3D 바이오 프린터

인공장기 역시 이런 3D 바이오 프린터로
만들려고 하고 있어.

합성 생물학 기술도 동식물 품종 개량에 쓰이고 있어.

대표적인 예가 '스쿠알렌squalene'이야.

스쿠알렌은 화장품과 의약품에 널리 쓰이는 물질인데

주로 상어의 간에서 추출했어.

그런데 상어가 아닌 담배와 같은 작물에서

스쿠알렌을 대량으로 생산할 방법이 개발됐어.

담배 식물의 유전체에 스쿠알렌 합성 유전자를 삽입하거나,

담배가 스쿠알렌 합성 경로를 효율적으로 활용하도록

담배의 특정 유전자를 활성화하는 거야.

Check it up 3 기업

글로벌 기업과 생명공학

얼마 전 세상 사람들 모두가

생명공학 기술이 얼마나 중요한지 확인할 수 있었어.

코로나19 팬데믹 기간이었지.

코로나 변형 바이러스가 일으킨 코로나19 팬데믹으로

전 세계가 마비되다시피 했고

세상을 정상적으로 되돌릴 수 있는 유일한 방법은

'**백신과 치료제 개발**'이었어.

그런데 백신이나 치료제를 개발하는 데는 보통 10~15년이 걸려.

백신이나 치료제를 개발하려면 먼저 후보 물질을 찾아야 해.
이때 5,000~10,000개 후보 물질이 선별되는데
그 가운데 10~250개 정도로 범위를 좁혀
비임상 시험과 3차례의 임상 시험을 치르면서
최종 1개의 물질로 치료제나 백신을 개발해.
그리고 허가 기관의 승인까지 얻어야 해서 오랜 세월이 걸리는 거야.

그런데 코로나19 백신은 1년 만에 세상에 나올 수 있었어.
허가 기관의 승인이 급속하게 이루어졌고
임상 시험을 동시에 진행하는 방식으로 시간을 단축했지만
무엇보다 **그동안 축적됐던 생명공학 기술**이 빛을 발했어.
코로나19 바이러스의 **유전자 서열을 신속하게 파악**해,
스파이크 단백질Spike protein을 비롯한 코로나19 바이러스의
핵심적인 정보를 확보할 수 있었거든.
그 정보를 바탕으로 백신을 빠르게 만들 수 있었고,
백신이 안정적으로 전달되고,
면역이 잘 생성될 수 있도록 하는 기술이 합쳐져
코로나19 백신을 신속하게 개발할 수 있었던 거야.

코로나19 팬데믹 경험을 통해
세상은 **생명공학 기술의 중요성을 새삼 확인**할 수 있었어.
그리고 코로나19와 같은 감염병 백신이나 치료제를 만들 수 있는
제약 회사에 많은 관심을 가지게 됐지.
코로나19와 같은 팬데믹이 다시 올 가능성이 아주 높다고 하니까.

제약 회사들은 코로나19 팬데믹 이전부터
생명공학 기술을 이용해 다양한 신약을 개발하고 있었어.
어떤 기업은 특정 질환 여부와 상태를 알려 주는 단백질을
찾아내려 해. 그러면 병을 빨리 발견해 맞춤형 치료를 할 수 있거든.
암처럼 치료가 어려운 병에 대한 새로운 치료제 개발에 힘쓰는
기업도 있어. 그런데 신약 개발에는 엄청난 비용이 들어.
신약이 개발되기까지 보통 10~15년이 걸린다고 했지?
이 말은 이 기간 동안 '투자'만 해야 한다는 거야.
게다가 신약 개발에 성공했다고 해서 다 판매할 수 있는 건 아니야.
허가 기관으로부터 사람에게 해가 없다는 승인을 받아야만 하는데,
이렇게 승인까지 받은 신약은 10%도 안 돼.
2011~2020년 사이 승인된 신약은 7.9%에 불과하다는 조사도 있어.
그래도 제약 회사들은 신약 개발에 힘을 쏟고 있어.

약을 개발해야 병을 치료할 수 있으니까!

그리고 **약 하나로 세계적인 기업으로 우뚝** 설 수도 있어.

모더나Moderna란 기업이 대표적이지. 모더나는 2010년 하버드대학교 의과 대학 교수가 설립한 벤처 기업이었어.

하지만 코로나19 백신을 개발, 보급하면서 기업을 설립한 지 10년 만에 글로벌 기업으로 우뚝 섰지. 코로나 이전 2,000만 달러 미만이었던 매출이 2021년에는 50억 달러로, 250배 뛰었대.

항암 면역 세포 치료제를 만든 스위스의 노바티스Novartis는 설립된 지 약 30년밖에 안 된 기업인데, 스위스 증권거래소에 상장된 기업 중 시가 총액 2위일 정도야.

생명공학 기술과 관련된 또 하나의 중요한 기업은

'종자 생산' 기업이야.

옛날 농부들은 자기가 키운 작물에서 씨앗을 얻어

이듬해 다시 그 씨앗을 뿌려 작물을 재배했어.

그래서 같은 작물이라도 집마다 종자는 달랐지.

하지만 지금 농민들은 기업에서 만들어 낸 종자를 사다

농사를 지어. 기업이 만든 종자는 적은 힘을 들여 많은 수확물을

얻을 수 있어. 유전자 편집, 분자 육종 등을 통해 같은 품종이라도

병충해, 가뭄, 기후변화에 강한 종자로 개량한 거야.

그게 농민들이 원하는 종자니까.

또한 기업들은 더 맛 좋고, 더 영양 많은 열매를 맺을 종자를

개발하려고 해. 그런 종자에서 난 농산물을 소비자들이

더 좋아해서 많이 팔리니까.

생명공학 기술을 이용한 종자의 개발로
농민들은 보다 수월하게 농사를 지을 수 있고, 소비자들은
보다 맛있고 영양가 높은 농작물을 먹을 수 있어.

그런데 **종자 생산 기업과 농민 간의 생각지 못한 다툼**이 일어났어.

유전자 변형 작물GMO 분야에서

세계 최고로 꼽히는 몬산토Monsanto는 특허를 낸 자기 회사의

유채 종자를 판매하면서, 농부들이 그 종자에서 얻은

종자를 다시 심을 수 없도록

매년 몬산토에서 유채 종자를 사다 심어야 한다고 계약했어.

그런데 인근에서 유채 농사를 짓는 농부 땅에

몬산토의 유채가 자라는 걸 발견한 거야. 1998년, 몬산토는

그 농부에게 '특허권을 침해했다'라며 소송을 걸었어.

법원은 일단, 몬산토의 특허권을 인정해 줬어.

몬산토 유채를 키우려면, 종자를 사다 심어야 한다는 거야.

다만 농부가 몬산토 유채를 키우며 이득을 본 게 없어

손해배상을 해야 할 필요는 없다고 판결했지.

바람을 타고, 또는 나비나 벌과 같은 동물을 통해 씨를 퍼뜨리는 건

식물의 특성이야. 그런데 그렇게 날아오는 종자를

어떻게 제어할 수 있을까?

앞으로도 이런 문제는 종종 발생할 수밖에 없을 거야.

몇몇 **종자 생산 기업에 종자를 의존**하게 되는 문제도 있어.

종자 생산 기업들이 종자를 제공하지 않으면

농사를 지을 수 없게 되는 거지.

전쟁과 같은 상황에서는 적국에 종자를 팔지 않을 수도 있어.

그리고 종자 생산 기업에 종자를 의존하면

유전적 다양성이 파괴될 수밖에 없어.

하나의 종이 번성하려면 유전적으로 다양해야 해.

같은 메뚜기라도 초록색과 누런색 메뚜기가 있지?

초록색 메뚜기가 잘 살 수 있는 초록 수풀에선

누런 메뚜기가 눈에 잘 띄어 살아남기 힘들지만,

가뭄이 들면 반대로 초록메뚜기가 살아남기 힘들어.

하지만 어떤 경우도 한쪽은 살아남기 때문에 그 종은 유지될 수 있지.

그래서 유전적 다양성이 중요한 거야.

그런데 기업에서 생산한 종자는 같은 유전자를 가졌어.

유전자 편집 등을 통해 개량된 종자니까.

모두가 그걸 사다가 농사를 지으면

유전적 다양성이 보존될 수 있겠어?

생명공학 기술의 발전으로
종자 생산 기업이 이 세상을
좌지우지할 수도 있게 된 거네!

과학 기술의 발달 덕분에
우리는 편리하고 풍요롭게 살 수 있게 되었어.
하지만 과학 기술의 발달은
환경 오염과 생태계 파괴, 지구 온난화를 낳았고
우리는 '대멸종'을 걱정해야 할 상황에 직면했어.
이 위기를 해결할 방법은 없을까?
많은 과학자가 과학 기술로 이를 해결하려고 해.
생명공학자들 역시 해법을 내놓고 있지.
지구를 위기에서 구출할
생명공학의 해법을 살펴보자.

Level 3

생명공학이 지구와 만났을 때

지구를 위기에서 구할 방법

그런데 6번째 대멸종이 시작됐다고들 하고 있어.
멸종된 동물들
스텔러바다소
파란영양
큰바다쇠오리
카리브해몽크물범
도도새
까치오리
콰가얼룩말
아틀라스 곰
툴라치왈라비
갈라파고스땅거북

또 지금도 많은 동물이 멸종 위기에 내몰리고 있지.
맞아! 왜 이렇게 많은 동물이 멸종 위기에 처했는지도 알지?
알아! 호랑이도 판다도 멸종 위기야!

그래. 그렇게 서식지에서 쫓겨난 수많은 동물이 멸종했거나 멸종 위기에 처해 있어.
알지. 사람들이 서식지를 파괴했기 때문이잖아!

환경 오염 역시 동식물의 생명을 위협하고 있어.
물이 오염되고,
땅이 오염돼서
동물도 식물도
살아가기 힘들어.

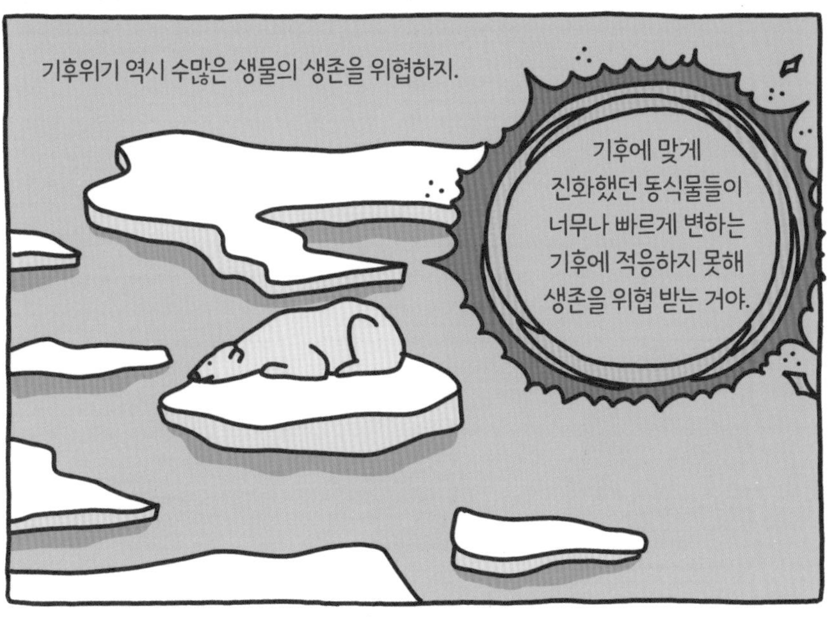
기후위기 역시 수많은 생물의 생존을 위협하지.
기후에 맞게
진화했던 동식물들이
너무나 빠르게 변하는
기후에 적응하지 못해
생존을 위협 받는 거야.

이런 식으로 많은 동식물이 줄어들면 어떻게 될까?
동물이나 식물을 보려면 동물원이나 식물원에 가야 하는 거 아냐?
그럴지도! 그런데 진짜 문제는 생물 다양성이 파괴된다는 거야.

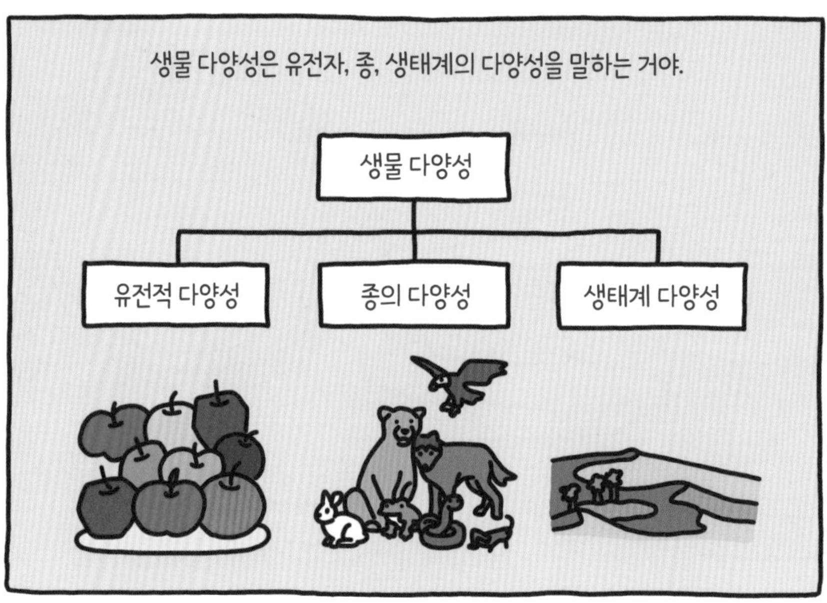
생물 다양성은 유전자, 종, 생태계의 다양성을 말하는 거야.
생물 다양성
유전적 다양성
종의 다양성
생태계 다양성

같은 사과라도 유전적으로 다르면 겉모양뿐만 아니라 속도 달라.
어떤 사과나무는 해충에 강하고, 어떤 사과나무는 가뭄에도 잘 자라. 또 어떤 사과나무의 열매는 더 달고, 어떤 사과나무의 열매는 더 시큼하지. 이게 다 유전적 다양성 때문이야.

유전적으로 다양하면 그 생물은 생존할 확률이 높아져.
모두가 똑같은 유전자를 가지고 있다면, 위험 상황이 닥쳤을 때 모두가 위기에 처하고 그로 인해 사라져 버릴 수 있으니까.
가뭄이 드니까 내 몸 색이 나를 보호해 주네!
우리 몸을 여러 색으로 만들어 준 유전적 다양성 덕분이지!

종의 다양성은 지구 전체 혹은 특정한 지역에 사는 생물 종류의 다양성을 말해.
종이 다양해야 종끼리 상호 작용이 활발하게 일어나서 생태계도 건강하게 유지될 수 있어!

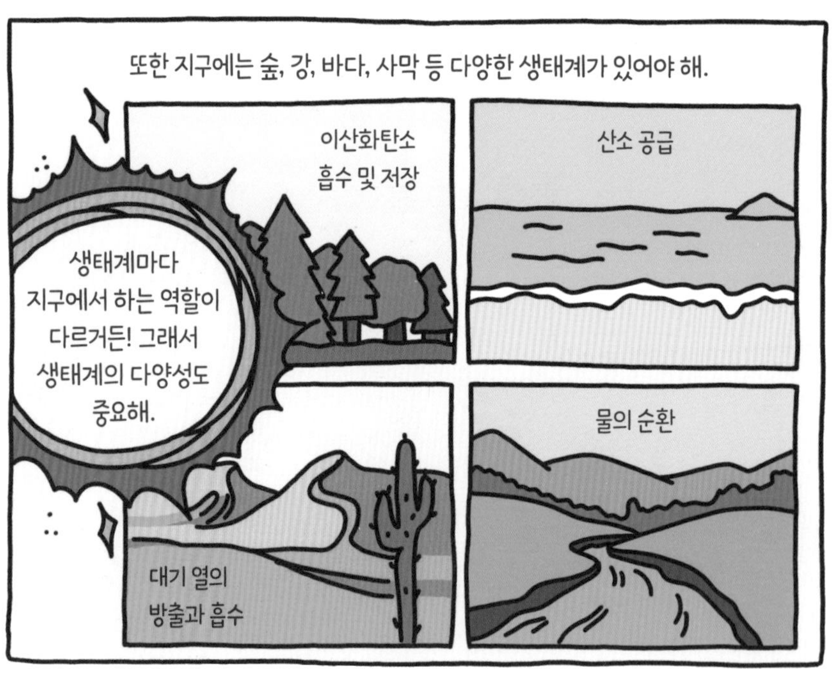
또한 지구에는 숲, 강, 바다, 사막 등 다양한 생태계가 있어야 해.
생태계마다 지구에서 하는 역할이 다르거든! 그래서 생태계의 다양성도 중요해.
이산화탄소 흡수 및 저장
산소 공급
대기 열의 방출과 흡수
물의 순환

지구가 대멸종 위기에 몰렸다는 것은
이런 생물 다양성이 파괴되고 있다는 걸 의미하기도 해.
그럼 대멸종을 막으려면 생물 다양성이 유지되도록 해야겠네!
그렇지! 그럴려면 서식지 보호와 함께 환경 파괴를 멈추고, 파괴된 환경을 복원해야 해. 또 기후변화도 막아야 하고.

그게 가능할까? 너무 오염되고, 기후변화도 너무 빠르고…….
생명공학 기술을 이용하면 가능할지 몰라. 그런 기술이 속속 개발되고 있거든.
그래? 빨리 알려 줘!

Check it up 1 화학

꿀벌들을 살려 줘!

20세기 초, 여러 가지 화학 물질이 개발됐어.

대표적인 게 화학 비료와 살충제, 제초제, 살균제 등의 농약이야.

이런 화학 제품 덕에 인구가 빠르게 증가했음에도

우리 인간은 식량 부족 걱정을 덜 수 있었어.

그런데 화학 비료가 땅에 스며들어 지하수나 강으로 흘러 들어가면

물속에 영양분이 지나치게 많아지는 '부영양화'가 일어나.

그로 인해 물속에 산소가 부족하게 되거나 독성을 띠는 조류가

발생하지. 이런 물은 마실 수도, 농업에 쓸 수도 없어.

또 땅을 산성화시켜 장기적으로 작물이 땅속 영양소를 흡수하지

못하게 해.

농약 사용의 결과는 더 심각해.

농약은 목표로 하는 생물체뿐만 아니라

주변의 생물체는 물론 생태계에까지 영향을 끼치거든.

대표적인 게 네오니코티노이드Neonicotinoid계 살충제야.

식물이 자라는 데 방해가 되는 진드기 같은 해충의 신경계를

마비시켜 식물의 생장을 돕는 살충제인데

이게 꿀벌의 신경계까지 교란하는 거야.

이 살충제에 노출된 꿀벌들은 꽃밭을 찾지 못하는 것은 물론

벌집으로 돌아오는 길도 찾지 못해.

결국 꿀벌이 집을 찾아오지 못해 벌집이 텅텅 비어 버리는

군집 붕괴 현상이 전 세계적으로 일어나고 **꿀벌이 사라지고 있어!**

많은 이가 이렇게 말해.

꿀벌이 사라지면 지구는 3년 안에 멸망할 것이다!

꿀벌은 꽃을 피우는 식물들이 열매를 맺도록 꽃가루를 운반하는
대표적인 수분 매개 곤충이야.
수분 매개 곤충이 줄어들면, 열매를 맺는 식물 역시 줄어들겠지?
그러면 많은 초식동물이 먹이를 찾지 못해 줄어들 거고
그 초식동물들을 먹고 사는 육식동물들 역시 줄어들 수밖에 없어.
결국 **지구 전체 먹이사슬을 깨뜨릴 수 있는 거야.**
당연히 식량 생산에도 큰 문제가 생겨. 인간이 재배하는
주요 100대 작물 중 70% 가량을 꿀벌이 수분을 해 주거든.

또 농약에 노출된 해충들은 그 농약에 저항력을 갖게 돼.
이를 '**내성**'이라고 하는데 내성 때문에 농약이 제 기능을 하려면
독성을 강화하거나, 다른 농약을 사용해야 해.
게다가 농약을 뿌려 재배한 식물에는 농약의 성분이 그대로 남아.
그 성분은 그 식물을 먹고 자란 초식동물,
다시 그 초식동물을 먹는 육식동물의 몸에 쌓이고 쌓이게 돼.
이를 '**생물 농축**'이라고 하는데
생물 농축으로 인한 문제는 우리 인간에게 가장 심각해.
우리는 농약 성분이 남은 식물도 먹고,
그 식물을 먹고 자라 농약이 몸에 농축된 동물도 먹으니까!

이런 문제를 해결하기 위해 생명공학자들은 여러 방법을

모색하고 있어.

대표적인 게 **유전자 변형 기술을 이용한 방법**이야.

콜로라도감자잎벌레라는 해충이 있어.

2차 세계 대전 때 독일에서 적진의 식량을 파괴할 생물 무기로

연구되었던 벌레야.

1930년대부터 수많은 살충제를 뿌려도 그 기세는 꺾이질 않았고

오히려 50가지 이상의 살충제에 내성만 생겼지.

지금도 1년에 수억 달러의 피해를 입히고 있어.

그런데 콜로라도감자잎벌레의

중요 유전자를 발현하지 않게 해 죽이는 살충제가 개발된 거야.

콜로라도감자잎벌레의 유전자에만 영향을 미치니,

벌이나 다른 곤충들에게 해가 될 일은 없는 거지!

유전자 변형 기술을 질병 퇴치를 위한 살충에도 이용하고 있어.
모기 유충을 죽이는 유전자를 삽입한 수컷 유전자 변형 모기를
암컷과 교미하게 하면, 그 암컷이 낳은 유충은 죽고 말아.
이를 통해 모기의 개체수를 감소시키는 건데
2016년, 브라질에서 실험해 보니 모기의 90%가 줄어들었대!
뎅기열과 지카 바이러스 같은 전염병 확산 가능성이
그만큼 줄어든 거야.

BT Bacillus thuringiensis, 바실루스 투링기엔시스 **기반 생물 살충제도 개발**하고 있어.
BT는 해충의 소화 기관에 치명적인 독소를 생산하는 세균이야.
BT를 살충제로 농작물에 뿌리면, BT가 농작물에 접근한
해충의 몸속에 침투해 해충의 소화 기관에 독소를 뿜어내지.
현재 이 살충제는 비해충 생물과 동물은 물론 인간에게도
안전하다고 알려져 환경친화적인 살충제로 주목받고 있어.
BT 유전자를 농작물에 삽입해 작물의 유전자를 변형시켜
살충 효과를 보기도 해.
대표적인 게 BT 옥수수와 BT 면화인데
해충이 이 작물을 먹으면 BT 독소가 해충의 소화 시스템을 파괴해.
이 방법을 이용하면 살충제를 뿌릴 필요도 없는 거야.

바이오 센서를 활용한 환경 모니터링도 연구하고 있어.

바이오 센서는 미생물을 이용하거나 생명 현상을 모방해

여러 화학 물질을 선택적으로 감지하고 측정하도록 만든 도구야.

물속에 사는 미생물인 조류를 기반으로 만든 바이오 센서는

앞에서 말한 '부영양화' 현상을 감지할 수 있어.

미세 조류는 물속의 영양 염류 농도에 매우 민감하게 반응하거든.

식물의 잎은 이산화질소NO_2와 같은 오염 물질에 노출되면

광합성과 기공(식물의 호흡 기관)의 개폐 속도가 변해.

이런 성질을 이용해 바이오 센서를 만들면

대기 오염의 정도를 모니터링할 수 있는 거야.

어떤 미생물은 땅속의 석유나 화학 비료 양이나 농도에 따라

빛을 내거나 색이 변하기도 해.

이런 변화를 보면서 토양의 오염도를 감지할 수 있어.

Check it up 2 환경

플라스틱을 부탁해!

화학 물질 하면 빼놓을 수 없는 '플라스틱'은 석유 화학 제품에서
추출한 폴리머polymer라는 물질을 기반으로 만들어.
가벼우면서도 튼튼한 데다 전기가 통하지 않고
어떤 모양으로든 만들 수 있는 데다 가격까지 싸서
1907년, 처음 등장했을 때부터 엄청난 주목을 받았어.
산업과 기술이 발전하면서 플라스틱 사용량은 점점 늘어났지.
1950~2017년 사이에 생산된 플라스틱이 92억 톤인데
이 가운데 절반 이상이 2000년대 들어와 만들어졌대.
식품 포장에서 전자 제품, 자동차와 항공기, 더 나아가 우주선을
만드는 데까지 플라스틱이 사용되지 않는 분야를 찾기 힘들 정도야.

그런데 이렇게 많이 쓰이는 **플라스틱은 환경 오염의 주범**으로 꼽혀.

플라스틱은 재활용률이 8%에 불과해.

대부분이 쓰레기로 버려지는 거야.

플라스틱은 불에 태우면 다이옥신과 같은 유독 가스를 발생시켜

호흡기 질환을 비롯한 심각한 질병을 유발할 수 있어.

그래서 플라스틱 쓰레기는 땅에 묻어 처리하거나 방치해.

땅에 묻었던 플라스틱, 혹은 쓰레기로 버려져 방치된 플라스틱은

빗물에 휩쓸려 강을 타고 떠내려가 바다까지 흘러들기도 해.

그 양이 정말 어마어마해서

바다 한가운데 거대한 플라스틱 섬들이 생겼어!

태평양 거대 쓰레기 지대(Great Pacific Garbage Patch)

태평양에만 쓰레기 섬이라 불리는 거대 쓰레기 지대가 서쪽과 동쪽에 두 곳이나 있어.

일부 플라스틱은 **환경 호르몬을 배출하기도** 해.

환경 호르몬은 우리 몸에서 생식, 성장, 대사, 면역 등을 조절하는

호르몬 분비를 교란하는 물질이야. 환경 호르몬에 자주 노출된

인간을 포함한 모든 동물은 생식과 생장에 문제가 생겨.

새끼를 낳기도 어렵고, 낳더라도 여러 장애를 가진 새끼가

태어날 수 있는 거야.

또 암이나 당뇨병과 같은 치료하기 어려운 병에 걸리기도 하지.

게다가 **플라스틱은 분해되는 데 수백 년**이 걸려.

땅에 묻힌 플라스틱도, 강이나 바다를 떠다니는 플라스틱도

수백 년 동안 그대로 있는 거야.

이 때문에 땅에서 사는 동물이나 바다에서 사는 동물이나

위험에 빠질 수 있어.

인도에서는 비닐을 먹이로 착각하고 먹은 소들이

영양실조에 걸리거나 내부 장기가 손상돼 죽는 일이 발생했어.

필리핀에서 죽은 채 발견된 향유고래의 뱃속에서는 어망, 플라스틱

물병, 비닐봉지와 같은 쓰레기들이 40kg이나 나왔지.

이 쓰레기들이 소화 기관을 손상시켜 향유고래가 목숨을 잃은 거야.

그밖에도 많은 동물이 플라스틱 쓰레기로 목숨을 위협받고 있어.

플라스틱 쓰레기로 고통받는 동물들

뼈 사이로 플라스틱 쓰레기가 보이지? 플라스틱 쓰레기를 먹고 죽은 알바트로스의 유해야.
바닷속에 버려진 플라스틱 그물에 걸린 거북도 얼마 못 살 거야.

미세플라스틱 문제도 심각해.

미세플라스틱은 5mm 이하의 아주 작은 플라스틱 조각인데
버려진 플라스틱 쓰레기가 쪼개지고 잘려서 생겨.
화장품, 치약, 세제 등에도 미세플라스틱이 들어 있지.
미세플라스틱은 하늘과 땅, 강과 바다에 공기처럼 흩어져
생명체들이 숨을 쉴 때마다, 땅과 바다에서 물과 양분을 흡수할
때마다 모든 생명체의 몸속으로 들어가 차곡차곡 쌓여.
그리고 농약이 먹이 사슬을 따라 생명체의 몸에 농축되듯
미세플라스틱도 먹이 사슬을 따라 생명체의 몸에 쌓이지.
이렇게 몸에 미세플라스틱이 가득 찬 생명체가
제대로 생장할 수 있을까?
이렇게 플라스틱으로 뒤덮인 생태계가 온전할 수 있을까?

그래서 생명공학자들은 **쉽게 분해될 수 있는 플라스틱을 개발**하고 있어. 이를 **생분해성 바이오플라스틱**이라고도 해.

옥수수, 감자, 사탕수수와 같은 천연 재료에서 추출한 물질이나 미생물이 설탕이나 지방을 분해할 때 생기는 물질로 만든 건데 자연에서 쉽게 분해될 수 있는 플라스틱이야.

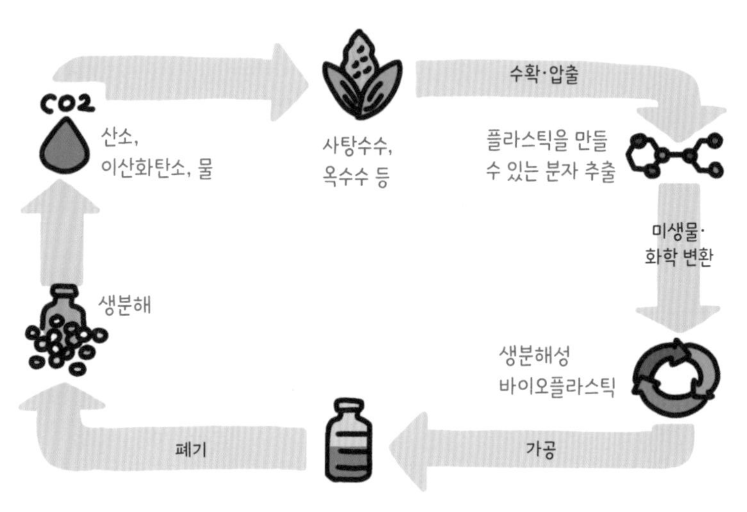

생분해성 바이오플라스틱 순환 과정

플라스틱을 효과적으로 분해할 수 있는 생물체나 물질도 찾고 있어. 플라스틱 재활용 공장에서 나오는 파편을 연구하던 생명공학자들은 우리가 보통 페트PET, polyethylene terephthalate라고 부르는 플라스틱을 분해할 수 있는 박테리아를 발견했어. 이들은 이 박테리아에 있는 페트 분해 효소에서 패스트 페테이스FAST-PETase란 효소를 개발해 51개의 다양한 플라스틱 제품을 잘 분해하는지 실험했는데, 50°C에서 일주일 이내에 완전히 분해하는 것을 확인했어. 또 약 9g의 페트 물병 전체가 2주 이내에 분해될 수 있음을 입증했지. 비슷한 페트 물병이 자연적으로 분해되는 데는 약 450년이 걸리는데 말이야!

플라스틱 분해에 쓰일 수 있는 또 다른 생명체(기능)들

생명체(혹은 물질)	플라스틱 분해 능력	이용 (가능) 분야
슈도모나스(Pseudomonas)속 박테리아, 알카니보랙스(Alcanivorax)	석유와 같은 유기 오염 물질을 분해	오염된 토양에서 석유를 제거
알카리보랙터(Alcanivorax) 박테리아	석유 등 기름을 분해	해양 기름 유출 사고 후 환경 복원
시아노박테리아(Cyanobacteria)	광합성을 통해 이산화탄소를 흡수하고 산소를 배출	대기 중 오염 물질 흡수
지오박터(Geobacter) 속 미생물	오염된 물에서 중금속을 흡수	산업 폐수 처리
밀웜(Tenebrio molitor)	스티로폼 분해(소화기에는 플라스틱 소화 미생물 존재)	플라스틱 분해, 처리
왁스벌레(Galleria mellonella, 꿀벌 유충)	비닐봉지 분해, 효소 분비	비닐 분해, 처리

생명공학자들은 **플라스틱을 더 빠르고 효율적으로 분해**하고

그 과정에서 나오는 물질을 **재사용하는 기술도 개발**하고 있어.

미국 국립재생에너지연구소NREL의 과학자들은

슈도모나스 푸티다Pseudomonas putida라는 박테리아의 유전자를 가지고

페트 플라스틱을 분해하고,

그 과정에서 나오는 물질로 유용한 화학 물질을 생산했어.

이를 통해 플라스틱 폐기물이 새로운 자원으로

전환될 가능성을 보여 줬지.

프랑스의 생명공학 회사 카비오스Carbios는

페트 분해 효소를 활용해 페트 플라스틱을 분해하고

이때 분해된 플라스틱으로 새로운 페트 제품을 만들고 있어.

이렇게 만들어진 플라스틱은 기존의 재활용 기술로 만든

플라스틱보다 품질이 좋고, 여러 번 재활용할 수 있대.

이런 기술들을 이용한
플라스틱 상품이 널리 사용되면,
플라스틱 걱정은 많이 줄어들겠다!

Check it up 3 에너지

기후위기에서 구해 줘!

산업혁명 이후 석탄, 석유, 천연가스 같은

화석 연료를 에너지로 이용하면서 대기 중에 엄청난 이산화탄소가

배출됐어. 이산화탄소는 지구가 방출하는 열을 가두어

지구의 온도를 상승시키는 대표적인 온실가스야.

산업 발달과 인구 증가로 에너지 소비가 늘어나면서

대기 중 온실가스는 더욱 증가했어.

대규모 농업과 축산업의 발달 역시 또 다른 온실가스인

이산화질소, 메탄을 방출해 지구 온도 상승에 큰 몫을 했지.

반대로 이산화탄소를 흡수하는 삼림은 파괴됐어.

이에 따라 **지구의 평균 기온이 상승**하기 시작했어.

과학자들은 지구 평균 기온이 1도 상승할 때마다,

지구에 어떤 변화가 일어날지 아래와 같이 예측하고 있어.

지구 온도 상승과 지구의 변화

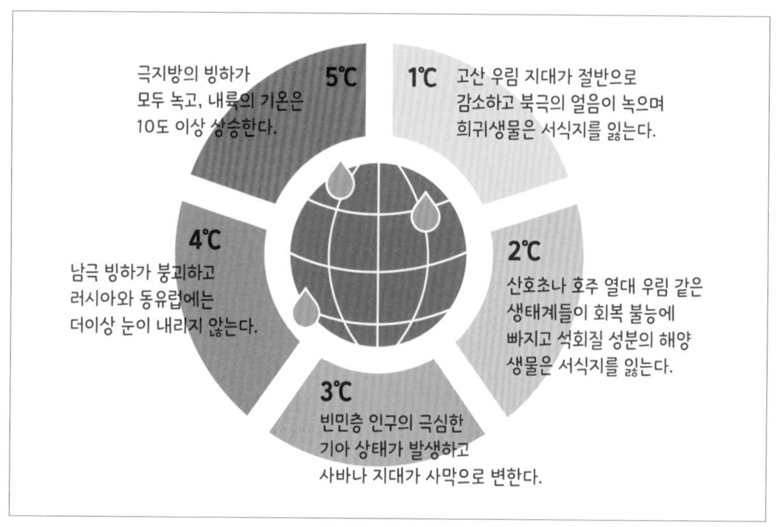

출처: IPCC

평균 1도는 엄청난 변화를 초래할 수 있어.

평균 기온 상승 1도는 전 지구적으로 더 많은 에너지가 축적된다는 뜻이야. 이는 폭염, 혹한, 홍수, 가뭄 같은 극단적인 기후 현상이 더 자주 발생하고, 지역에 따라서는 여름이 훨씬 더워지거나 겨울이 더 추워질 수도 있음을 의미해. 즉 평균 기온 상승은 단순히 온도의 숫자가 변하는 게 아니라, 기후 시스템 전체에 영향을 미친다는 거지. 2023년 기준, 지구의 평균 온도가 1.5도 가까이 올랐다고 해.

이미 북극해를 떠다니는 빙하가 줄어들어
북극곰들이 멸종 위기에 내몰린 걸 모르는 사람은 없을 거야.
호주 바닷가의 산호초들이 하얗게 죽어 가고 있는 것도
널리 알려진 사실이지.
몇 해 전부터는 여름이면 더위를 이기지 못해 쓰러진 사람들,
겨울이면 폭설이 쏟아져 마비된 도시와 관련된 소식이
뉴스를 장식하고 있어.

지금처럼 화석 연료를 사용하면 지구 기온은 계속 올라갈 거야.
그러면 수많은 생물 종이 멸종하고 생태계가 파괴되겠지?
생물 다양성은 생각조차 할 수 없는 거야.
생물 다양성이 파괴된 지구에서는 우리 인간들도 무사할 수 없어.
인간 역시 지구에 사는 생물 종의 하나이니까!

이러한 위기를 극복하기 위한 가장 핵심적인 방안은

화석 연료를 대신할 대체 에너지를 개발하는 게 아닐까 싶어.

그래서 많은 과학자가 태양, 바람 등의 자연에서

화석 연료를 대체할 에너지를 만들고 있지.

생명공학자들 역시 자연에서 화석 연료를 대체할 에너지를

만들려고 해.

바로 식물, 미생물, 동물의 부산물 등

재생 가능한 생물 자원을 원료로 만든 **바이오 연료**야.

물속에 사는 미세조류는 대기 중 이산화탄소를 흡수해서

탄소를 몸에 저장하며 자라나.

이때 미세조류의 몸속에 지방 등의 성분이 생겨.

그런데 지방은 기름이잖아? **미세조류를 이용한 바이오 연료**는

이 지방을 뽑아내서 연료로 만드는 거야.

셀룰로스로 바이오 연료를 만들 수도 있어.

셀룰로스는 식물의 세포벽을 이루는 주요 성분이야.

이 성분을 분해하면 포도당이 되는데

포도당을 발효시키면 에탄올, 즉 알코올을 만들 수 있어.

술을 빚는 것과 비슷한 과정이지.

이 에탄올을 정제하면 순도가 높아져 불이 잘 붙어.

알코올 도수가 높은 술에 불을 붙이면 불이 붙는 것처럼!

불이 잘 붙으니까 연료로 사용할 수 있는 거야.

음식물 쓰레기나 농업 폐기물에서 나오는 메탄가스를 수집해

에너지원으로 사용하는 연구도 전 세계적으로 진행 중이야.

또 **유전자 변형 미생물을 이용**하기도 해. 미생물이 에탄올과 같은

물질을 많이 생산하도록 유전자를 변형하는 거지.

미세조류를 이용한 바이오 연료 생산 과정

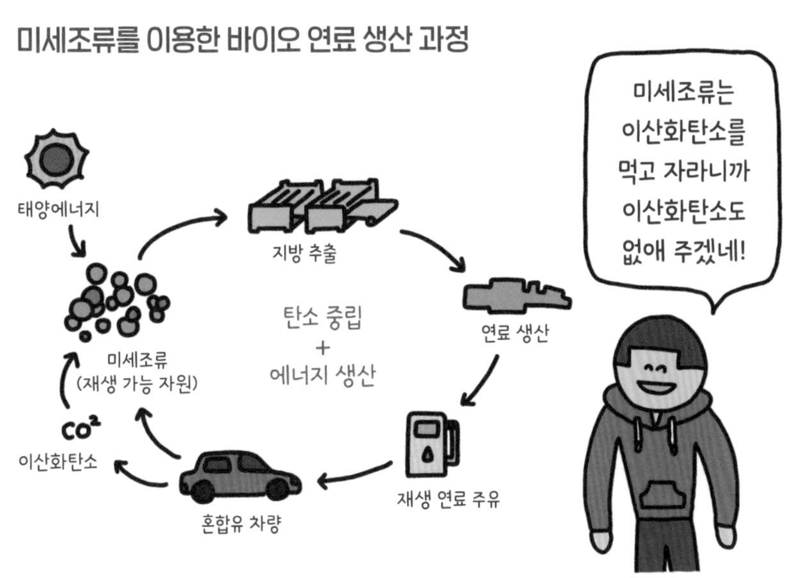

ⓒ 도표 출처: KDI 경제 정보센터

대기 중 이산화탄소를 줄이는 기술도 개발하고 있어.
대기 중 이산화탄소가 줄어들어야 온실효과도 줄어드니까.

클로스트리디움Clostridium과 같은 박테리아는
일산화탄소CO와 이산화탄소 같은 가스를 흡수하며 살아가.
이런 박테리아의 유전자를 변형해 이산화탄소를 더 많이 흡수하게
만드는 거야. 더 나아가 이 세균이 배출하는 가스로
바이오 연료를 개발하려고도 해. 이산화탄소를 줄이는 동시에
바이오 연료까지 생산한다면 일거양득이겠지?

이산화탄소 이외의 온실가스 배출을 감축하는 기술도 개발하고 있어.
온실가스 하면 가장 많은 비중을 차지하는 이산화탄소를
떠올리지만, 메탄 CH_4과 아산화질소 N_2O의 영향도 무시할 수 없어.
메탄은 이산화탄소보다 25배, 아산화질소는 무려 300배
강력한 온실효과를 낸다고 하거든.

온실가스의 종류

온실가스	이산화탄소	메탄	아산화질소	기타
비중(%)	76	16	6	2

생명공학자들은 메탄 배출량을 줄이기 위해

가축의 소화 과정에서 **메탄 발생을 억제할 수 있는**

특수한 미생물 개발에 힘을 쏟고 있어.

메탄은 소와 같은 가축의 소화 과정에서 주로 발생하거든.

그래서 메탄 발생을 억제하는 미생물을 가축 사료에 함께 넣어

먹이려는 거야.

앞에서 본 배양육 개발도 메탄 배출 감축에 도움이 돼.

아산화질소는 주로 농업에서 발생해.

농업 생산량을 높이기 위해 질소 비료를 사용할 때

식물에 흡수되지 않은 질소가 대기 중에 방출되며

아산화질소가 만들어지거든.

그래서 생명공학자들은 **질소를 잘 흡수할 수 있는 농작물이나**

농작물의 질소 흡수를 돕는 미생물을 개발하고 있어.

농업은 식물을 재배하는 거고
식물은 산소를 생성해서 좋을 거라고만
생각했는데……. 화학 비료 때문에 엄청난
온실가스가 생겨날 줄은 몰랐네!

기후위기에 대응한 동식물의 품종 개량에도 힘쓰고 있어.

기후변화로 인해 극심한 고온과 가뭄이 빈번해지고 있어.

이에 따라 **물 부족과 고온에 잘 견디는 작물 개발**이 필요해졌지.

그래서 미국의 종자 생산 기업들은

옥수수 유전자를 편집해 가뭄에 더 잘 견디고, 물 사용 효율이 높은

옥수수 품종을 개발했어.

또 일본과 미국의 연구진은 유전자 편집 기술을 이용해

고온에 더 잘 견디는 쌀 품종을 개발해

기온 상승으로 쌀 수확량이 감소하는 문제를 해결하려고

노력하고 있어.

기후변화는 작물의 질병 발병률을 높이는 데다

새로운 병원균이 확산할 가능성도 높여.

그래서 **질병에 잘 견디는 품종 개량**에도 힘을 쏟고 있지.

미국에서는 흰곰팡이병과 같은 병충해에 강한

유전자 변형 감자를 개발했어.

판마병을 이겨낼 수 있는 바나나 품종도 개발됐지.

바나나 편마병은 한때 바나나를 전멸시킬 위기까지 내몬 병인데

다행히 앞으로도 바나나를 먹을 수 있을 것 같지?

기후변화로 인해 폭염과 질병은
가축의 건강과 생산성에도 악영향을 끼치고 있어.
그래서 유전자 편집을 통해 더위와 질병을 견뎌 낼 수 있는 품종을
만들고 있어.
돼지에 치명적인 돼지생식기호흡기증후군을 옮기는 바이러스에
저항성을 가진 돼지를 개발했고,
조류 인플루엔자에 저항성을 가진 닭을 개발하고 있지.

앞에서 언급한 플라스틱 재활용 기술이나 바이오 플라스틱 개발
역시, 기후위기를 극복하기 위한 기술이라고 할 수 있어.
플라스틱을 만들고 처리하는 데도 온실가스가 발생하니까!

‘인공지능’으로 대변되는 디지털 기술은
모든 과학 기술 분야로 영향력을 넓혀가고 있어.
생명공학 분야도 예외는 아니지.
생명공학에 디지털 기술이 접목되면
어떤 변화가 일어날까?
생명공학에서 인공지능 기술이 어떻게 접목되고 있는지
그것이 어떤 변화를 이끌 수 있는지 알아보자.
그로 인해 나타날 수 있는
문제점도 빼놓지 말고!

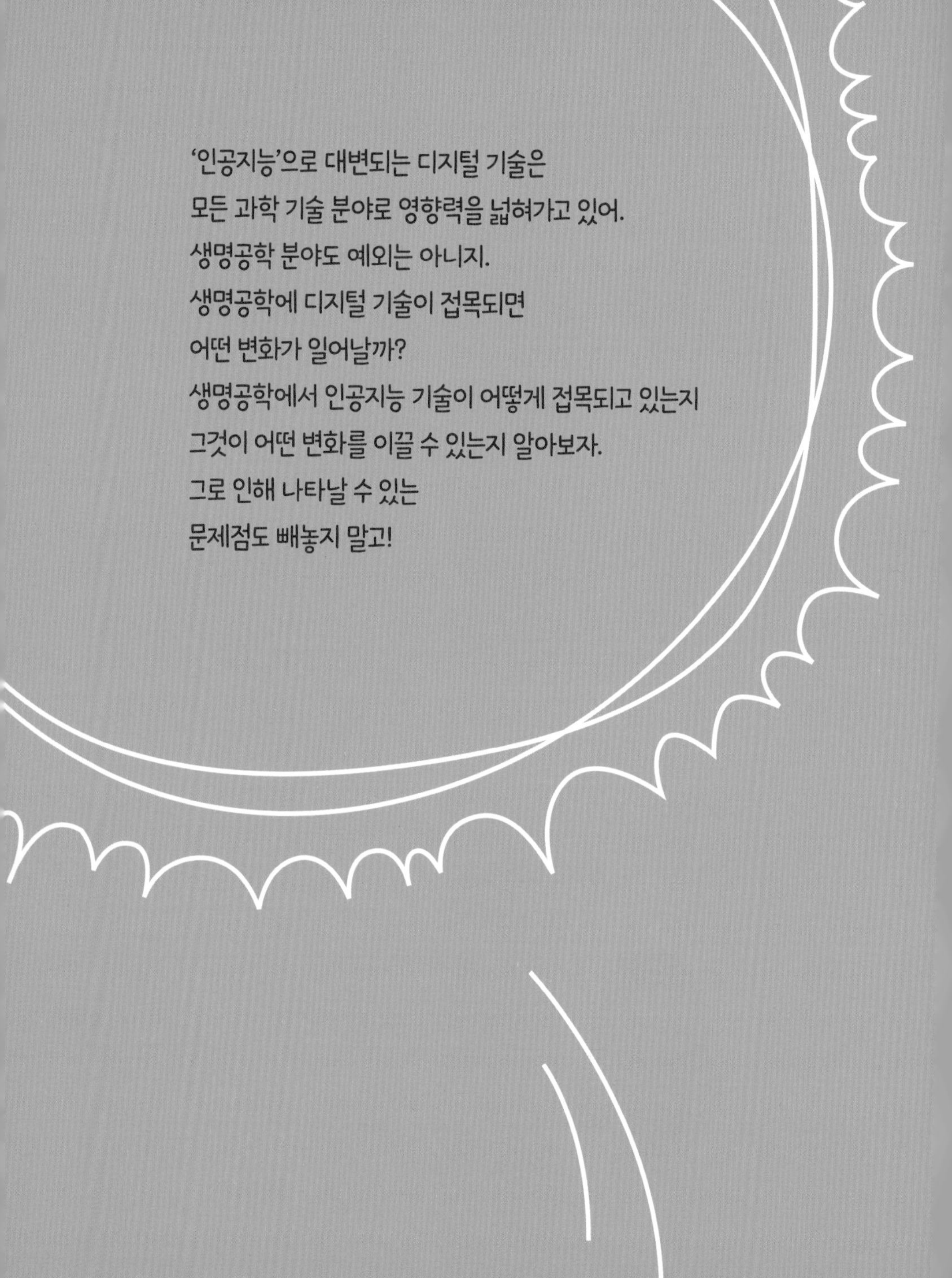

NEXT LEVEL

생명공학이 디지털 기술과 만났을 때

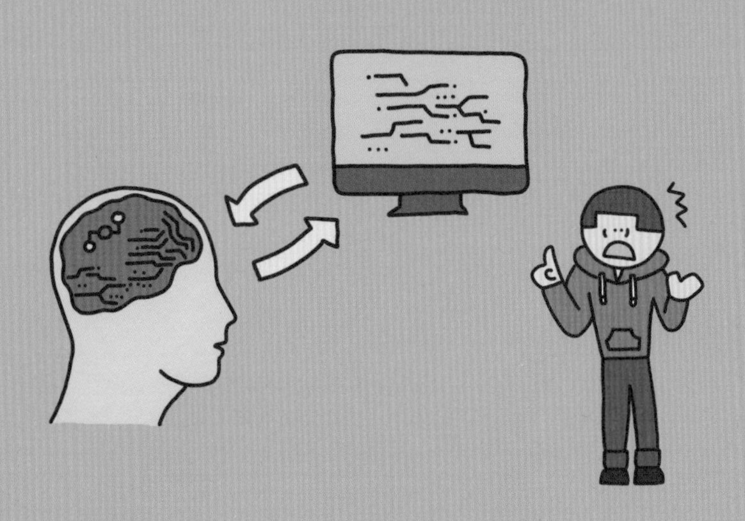

생명공학자들의 챗GPT

질문을 입력하면 이미지를 생성하는 인공지능도 등장했어.
[공원에서 자전거 타는 아이 2명 그려 줘]
나도 알아! DALL-E라는 인공지능이잖아.

동영상을 만들어 주는 인공지능도 알아?
알지! 이거 다, 인공지능 편에서 살펴본 거잖아!
하지만 이건 모를걸!

ⓒ Open AI

단백질의 구조를 예측하거나 설계하는 인공지능이 있다는 거 알아?
그런 게 있어?
대표적인 게 구글에서 만든 알파폴드AlphaFold란 인공지능이야.
Google AI

엔비디아 역시 바이오니모BioNemo라는 단백질 관련 인공지능을 개발했어.
엔비디아는 인공지능을 학습시키는 반도체 칩을 생산하는 세계적인 기업이야. 이 회사의 반도체 없이는 인공지능 학습이 불가능할 정도지.
우리도 하고 있어!
Microsoft
amazon
IBM Watson

2021년에는 단백질 구조를 해독하는 인공지능 로제타폴드RoseTTAFold
개발이 가장 우수한 과학계 성과로 꼽히기도 했어.
왜 이렇게 단백질과
관련된 인공지능을 만들어?
로제타폴드
개발에는 우리나라
과학자도 중요한
역할을 했어.
Science
BREAKTHROUGH OF THE YEAR
2021
국제학술지 <사이언스>는
2021년, 한 해 동안
가장 우수했던 과학계
성과로 인공지능으로
단백질 구조 해독 시간을
획기적으로 줄인 연구를
뽑아…….

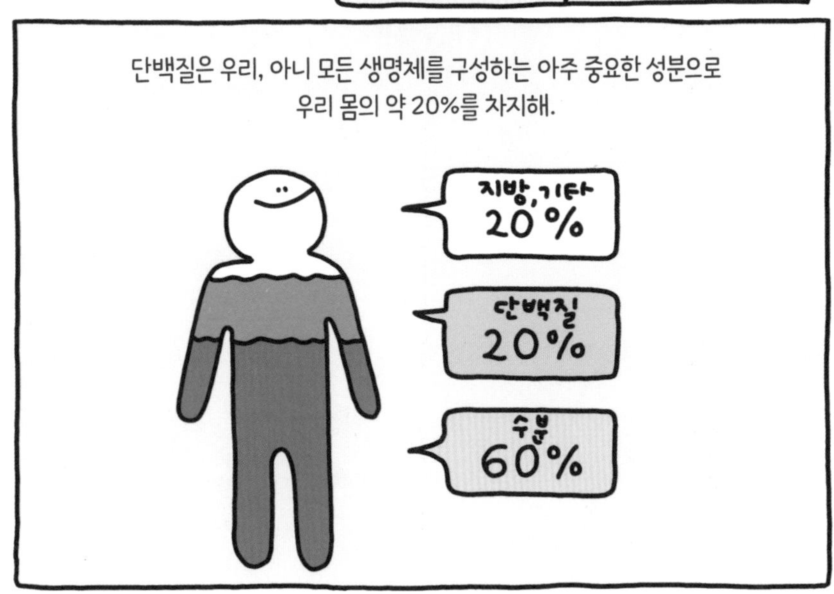
단백질은 우리, 아니 모든 생명체를 구성하는 아주 중요한 성분으로
우리 몸의 약 20%를 차지해.
지방, 기타
20%
단백질
20%
수분
60%

단백질은 우리 몸에서 다양한 역할을 해.
우리 몸의 근육, 뼈, 관절과 같은 결합조직, 머리카락, 손톱 등의 주성분이 단백질이야.
우리 몸의 여러 기능을 조절하는 인슐린 같은 호르몬도 단백질이야.
혈액 속에서 산소를 운반하는 것도 단백질이야.
뼈와 근육
호르몬
피와 살
소화 효소
세포
정보 전달
항체
우리 입과 장 등에서 음식물을 분해하는 소화 효소도 단백질이야.
에너지는 세포에서 생성되는데 이때도 단백질이 꼭 필요해.
세포끼리 정보를 전달하는 것도 단백질 덕분이야.
우리 몸에 들어온 병균(항원)을 막기 위해 만들어지는 항체도 단백질이야.
정보 전달
항원
항체

그래서 과학자들은 단백질을 연구했어.
신경 세포에서 분비되는 신경 전달 물질에 대해 알면 우울증과 같은 병을 고칠 수 있을 텐데…….
특정한 항원과 잘 결합하는 단백질을 개발하면 백신을 개발하기 쉬울 텐데…….
에너지를 생성하는 단백질에 대해 알면 쉽게 피곤해지지 않는 약을 만들 텐데…….
머리카락을 이루는 단백질에 대해 더 잘 알면 대머리 될까 봐 걱정하는 우리 아빠도 좋겠는걸!

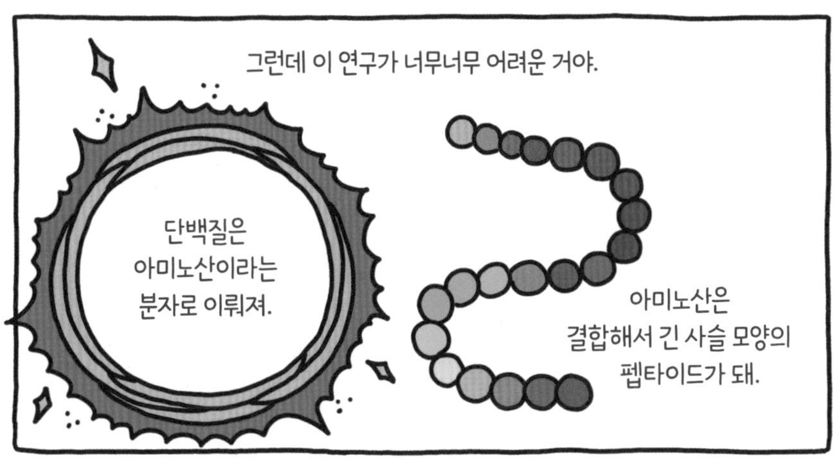
그런데 이 연구가 너무너무 어려운 거야.
단백질은 아미노산이라는 분자로 이뤄져.
아미노산은 결합해서 긴 사슬 모양의 펩타이드가 돼.

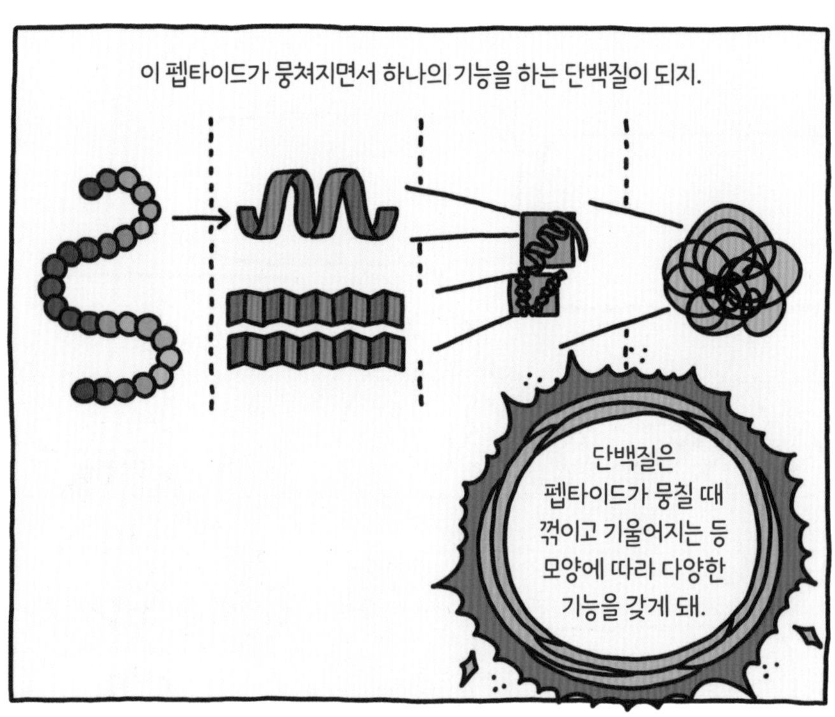
이 펩타이드가 뭉쳐지면서 하나의 기능을 하는 단백질이 되지.
단백질은
펩타이드가 뭉칠 때
꺾이고 기울어지는 등
모양에 따라 다양한
기능을 갖게 돼.

그래서 과학자들은 단백질이 어떻게 꺾이고
기울어져 구성되었는지 알아내야 했어.
헐! 이걸 하나하나
펴가면서 알아내야
한다고요?
그건 철사 뭉치가
어떻게 구부러지고
꺾였는지를 알아내는
것과 같은 일이지.

그래서 인공지능을 만든 거야!
지금까지 알아낸 단백질 구조로 인공지능을 학습시켰지.
인공지능

그러자 놀라운 일이 벌어졌어!
어떤 일인데?
좋아! 인공지능과 생명공학의 만남에 대해 알려 줄게.
오! 정말 궁금한 만남인데!

Check it up 1 노벨상

베이커와 허사비스

우리 몸은 수십억 개의 작은 단백질 분자로 구성되어 있어.

따라서 단백질은 질병과도 관계가 깊지.

빈혈, 알츠하이머, 당뇨와 같은 많은 질병이 단백질 이상으로 발생해.

세균과 같은 병원체가 우리 몸에 침입할 때도 단백질을 이용하지.

이 단백질들은 모두 20종의 아미노산 분자로 이루어져 있는데

아미노산이 붙어 있는 순서에 따라 꺾이고 뭉치면서

입체적인 구조가 돼.

그런데 **단백질은 구조에 따라 기능이 달라**져.

따라서 **단백질의 구조를 알면 질병의 원인을 밝힐 수** 있는 것은 물론

특정한 기능을 하는 단백질을 만들어 **병을 치료할 수도** 있지.

그래서 50여 년 전부터 과학자들은 X선, 전자 현미경 등을 이용해 단백질의 구조를 파악하려고 노력했어. 단백질 하나의 구조를 파악하는 데 몇 년씩도 걸리는 힘든 작업이었지.

하지만 컴퓨터를 이용하면서, 특히 인공지능이 도입되면서 연구는 급성장을 이루었고 획기적인 성과를 내기 시작했어. 그 덕분에 **'알파폴드'**와 **'로제타폴드'**를 만든 이들은 노벨상을 받았지.

2024 노벨 화학상 수상자들

베이커 교수는 AI를 활용해 지금까지 불가능하던 완전히 새로운 종류의 단백질을 만드는 방법을, 허사비스 CEO와 점퍼 수석 연구원은 단백질의 복잡한 구조를 예측하는 AI 모델을 개발한 공로로 상을 수여한다. - 스웨덴 왕립과학원 노벨위원회(2024년 10월 9일) -

챗GPT 등 인공지능의 개발을 선도하는 구글의 딥마인드가
단백질 구조를 예측하는 인공지능 **알파폴드**를 세상에 내놓은 건
2018년이었어. 알파폴드는 2018년, 제13차 CASP단백질 구조 예측 대회에서
1위를 차지하며 주목을 받았지.
일반인들에게는 코로나19를 통해 널리 알려졌어.

알파폴드는 코로나19 바이러스의 중요한 표면 단백질인
스파이크 단백질의 3D 구조를 빠르고 정확하게 예측하는 데 기여했어.
그래서 과학자들은 코로나19 바이러스가 어떻게 인간 세포와
결합해 우리 몸에 침투하는지 잘 이해할 수 있었고, 더 나아가
백신을 디자인하는 데 큰 도움을 받을 수 있었어.
사람들은 이를 통해 **인공지능이 단백질 구조를 정확하게 예측**해서
백신 개발에 큰 역할을 할 수 있다는 것,
그래서 **코로나와 같은 대재앙도 막을 수 있다**는 것을 확인했어.

2021년, 알파폴드는 알파폴드2로 업그레이드되었는데
알파폴드2는 과학자들이 10년 동안 풀지 못했던 세포의 단백질
구조를 단 30분 만에 찾아냈어. 2024년에 내놓은 알파폴드3는
생명체 근간이 되는 거의 모든 생체 분자 구조를 예측할 수 있다고 해.

알파폴드로 노벨상을 받은 **허사비스는 구글 딥마인드의 CEO**야.

컴퓨터 프로그래머 출신으로 챗GPT 등 인공지능 개발을

진두지휘했지. 그런 그가 2021년에는 **신약 개발 회사의 CEO가 됐어.**

약을 개발하는 데 가장 큰 어려움 가운데 하나가

시간이 아주 오래 걸린다는 거야.

10~15년이 걸리는데, 이 가운데 많은 시간이 소요되는 게

신약 후보 물질을 찾는 거야.

인공지능을 이용하면 이 시간을 크게 줄일 수 있겠지?

신약 개발에 드는 시간이 줄어들면

신약 개발 비용 역시 획기적으로 줄일 수 있어.

시간이 곧 돈이니까!

인공지능 개발자가 왜 신약 개발 회사의 대표가 되었는지

이해가 가지?

허사비스 등과 함께 노벨상을 받은 베이커 교수는
2003년부터 '완전히 새로운 기능을 가진 단백질'을
컴퓨터로 설계하는 방법을 개발한 생명공학자야.
그는 알파폴드에서 영감을 얻어 로제타폴드를 개발했다고 해.
알파폴드가 단백질 구조 예측에 장점이 있다면
로제타폴드는 기존 단백질을 분석해서 새로운 단백질을 설계하는 데 탁월해.
2023년, 베이커 교수는 로제타폴드를 더욱 발전시켰는데
세균과 바이러스 단백질의 특정 영역(표적 단백질)을 인식하는
수천 개의 항체 단백질을 설계하고 만든 뒤
그 항체들이 세균과 바이러스의 표적 단백질과 결합하는지
확인해 보니 10% 정도가 결합했대.
이 10%의 항체를 이용하면 새로운 의약품을 만들 수 있겠지?

그런데 그거 알아?

전 세계적으로 **의약품을 생산하고 판매하는 '의약품 시장'의 규모가**

반도체 시장보다 3배 크다는 사실!

암과 같은 난치병 치료제, 관절염과 같은 노화에 따른 질병 치료제,

일상적으로 먹는 감기약과 두통약 등등

우리가 얼마나 많은 약을 소비하는지 떠올려 봐.

더 나아가 획기적으로 살을 빼 준다거나 대머리를 치료해 주는 약들은

효과만 있다면 사려는 사람이 얼마나 많겠어?

그래서 세계적 기업 하면 보통 자동차나 전자제품

혹은 반도체와 인공지능을 만드는 회사들을 떠올리기 쉽지만

의외로 제약 회사들 가운데 글로벌 기업이 많아.

그런 기업들 역시 알파폴드나 로제타폴드 같은

인공지능을 개발하고 혹은 이용하는 데 힘을 쏟고 있어.

앞으로 신약 개발 경쟁은

인공지능 개발과 활용 여부에 달려 있을지도 몰라.

Check it up 2 로봇

생명공학과 AI 로봇이 만났을 때

인공지능이 장착되면서 로봇이 엄청나게 똑똑해졌어.

AI 로봇 청소기는 청소 실력이 엄청 늘었고

서빙 로봇의 AI 자율 주행 능력이 엄청 향상됐잖아.

생명공학의 여러 분야에서도 이런 로봇들이 활용되고 있어.

대표적인 게 **AI 진단 로봇**이야.

인공지능은 엄청난 데이터를 기반으로 학습을 하고

그 안에서 규칙을 찾아내는 데 탁월한 능력이 있어.

그래서 인공지능은 의료 영상 분석에서도 능력을 발휘해

신속하게 질병을 발견하고 진단할 수 있어.

수천수만 장의 흉부 X-ray 사진으로 인공지능을 학습시키는 거야.
그러면 인공지능이 그 사진들 가운데 건강한 사람의 흉부 사진과
그렇지 않은 사진을 골라내고
폐암, 결핵, 폐렴과 같은 질병을 진단할 수 있어.
X-ray 외에도 초음파, CT, MRI, MRA 등
다른 이미지 데이터를 이용해 인공지능을 학습시키면
뇌, 심장, 췌장 등 우리 몸 깊숙이 있는 장기는 물론 세포의 이상도
보다 쉽고 빠르게 진단할 수 있을 거라고 해.

이렇게 학습된 **AI 로봇은 수술에도 활용**돼.
대표적인 게 외과 의사가 로봇 팔을 원격으로 조작하면서
미세하고 정밀하게 수술하는 다빈치 로봇이야.
이 로봇은 AI 기반 학습과 데이터 분석을 통해
의사가 미처 보지 못하는 곳에 대한 데이터까지 제공하고
어떤 상황에서 어떤 일이 발생할 가능성이 있는지까지
알려 줄 수 있어. 심지어 어느 부위를 어떻게 잘라야
수술 상처가 적게 남는지도 알려 주지.
그래서 의사 혼자 수술을 할 때보다 수술 성공률이 훨씬 높고
수술 후 환자의 회복 시간까지 단축할 수 있다고 해.

AI로 학습한 로봇은 환자들의 재활에도 쓰여.

재활 로봇은 환자들의 신체 능력과 움직임을 분석해

필요한 운동을 알려 주는 등 맞춤형 재활 계획을 수립해.

이를 통해 효과적으로 치료할 수 있게 돕지.

특히 웨어러블 로봇은 환자의 치료와 재활은 물론

노인과 장애인들의 활동을 돕는 역할로도 중요해지고 있어.

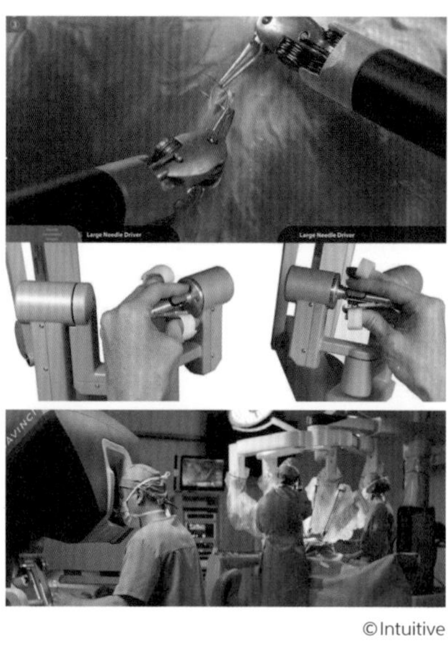

©Intuitive

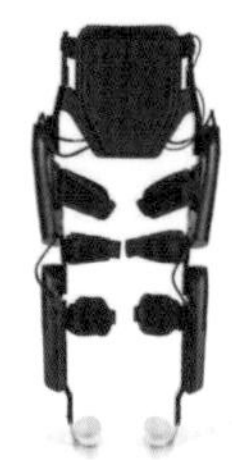

©Lifeward

수술에 사용되는 AI 로봇

가운데 사진이 다빈치 로봇을 조종하는 외과 의사의 손이야. 이 손에 따라 맨 위 사진처럼 로봇 팔이 움직여 수술이 진행되지.
AI 로봇의 도움을 받아 의사는 더 정교하게 수술을 집도할 수 있어.

재활 외골격 로봇

이 로봇에는 AI 기반의 생체 신호 분석 기술이 적용돼 있어. 그래서 사용자의 근육 신호를 실시간으로 분석해서 적절한 힘을 제공해, 뇌졸중, 척추 손상 등을 입은 환자가 걷거나 움직이는 것을 도울 수 있지.

로봇이라고 할 수는 없지만,

인공지능을 갖춘 기기들을 이용해 질병과 건강을 관리하기도 해.

대표적인 게 스마트워치와 같은 기기야.

질병을 가진 사람은 스마트워치로 심박수, 혈압, 혈중 산소 농도 등을

지속적으로 모니터링할 수 있어.

이를 통해 실시간으로 건강 상태를 확인하는 것은 물론

위험 상황이 발생했을 때 병원과 연결된 AI 진단 로봇을 통해

빨리 병원에 가거나 약을 먹는 등의 대책을 찾을 수 있어.

질병이 없더라도 스마트워치 같은 기기를 이용하면

적당한 운동량, 수면의 질, 비만도 등을 항상 체크해서

건강을 유지하는 데 도움을 받을 수 있지.

이렇게 모인 데이터는 의료용 AI 로봇을 학습시키는 데 쓰일 수 있어.

AI 로봇은 농업 관련 분야에도 폭넓게 쓰일 수 있어.

농사짓는 땅이나 기상 상태, 작물과 관련된 여러 데이터를 통해

적절한 재배 방법을 추천하고

작물이 자라는 데 필요한 적당한 물과 비료 공급량을 조절하는

거야. 이를 통해 수확량을 늘릴 수 있는 것은 물론

물과 비료 등의 자원을 효율적으로 사용할 수 있게 해 줘.

병충해가 발생할 것을 예측해 예방 방법을 제시해 줄 수도 있고

더 나아가 생산량을 예측할 수도 있어.

이런 정보들을 통해 농부들은 작물을 내다 팔 최적의 시기 등을

효과적으로 결정할 수 있어.

생산량 예측 등의 정보는 정부에도 큰 도움이 돼. 생산량이 적으면

식량 수입 등으로 식량이 부족하지 않게 대처할 수 있잖아.

©Wikimedia

농업용 AI 로봇, 드론

드론은 농업 분야에서 가장 널리 쓰이는 AI 로봇이야. 드론을 이용해 작물의 생장 상태 등의 데이터를 모으고 분석하면 물과 비료의 적정량, 생산량 등을 예측할 수 있어.

생명공학 제조 시설에서는 **스마트 팩토리 시스템**을 구축해서

AI와 로봇을 통해 전 공정을 자동화하기도 해.

항체 치료제나 백신과 같은 의약품을 생산하는 시설을 생각해 봐.

사람이 오가면 자칫 의약품에 세균을 옮길 수 있고

반대로 사람이 세균에 감염될 수도 있어.

또 의약품 생산 과정은 아주 복잡해.

그래서 세포를 배양하고, 약품을 정제하고,

제품에 다른 세균이 묻지 않도록 품질 관리를 하는 등의

다양한 과정과 단계를 **AI 로봇으로 자동화하고 최적화**하는 거야.

이를 통해 인간의 개입을 최소화하고,

무균 환경에서 대량의 바이오 의약품을

더 빠르고 안전하게 생산할 수 있어.

ⓒ 한국생명공학연구원

한국생명공학연구원에서 운영하는 베타바이오파운드리

세포 배양과 약품 정제, 제품 생산 등을 모두 AI 로봇으로 자동화했어. 사람은 보이지 않지?

AI 로봇은 수질 오염, 공기 오염 등의 **환경 오염 상태를 감시**하는 데도 이용돼. 물고기, 백조, 선박 등의 모양을 한 AI 로봇이
강이나 연못, 바다 등을 헤엄치며 오염 상태를 모니터링 하는 거야.
AI 로봇은 **오염을 정화하는 데에도 사용**되고 있어.
선박 모양의 로봇이 바다에 유출된 기름을 제거하는 게 대표적이지.
마이크로 로봇, 나노 로봇과 같이 아주 작은 로봇들도 이용돼.
1마이크로미터는 0.0001cm 야. 우리 머리카락 보다도 얇아.
1나노는 1마이크로미터의 $\frac{1}{1,000}$ 이고. 우리 세포보다도 훨씬 작아.
생명공학자들은 마이크로 로봇, 나노 로봇을 오염 지역에 투입해
미세플라스틱이나 병원균을 제거하는 방법을 찾고 있어.

생명공학자들은 **생물의 구조와 기능을 모방한 생체 모방 로봇**을
만들기도 해. 대표적인 게 뱀 모양의 로봇이야.
뱀처럼 길고 가느다랗게 또 뱀처럼 부드럽고 유연하게 움직이게
만든 거야. 이런 구조면 좁은 길은 물론 갈라진 틈으로도 들어갈 수
있어. 물속에서도 이동이 가능하지.
그래서 **뱀 로봇**은 붕괴된 건물에 진입해 생존자를 찾고
상하수도 등 배관이 파괴되었을 때도 활약할 수 있어.
실제로 2017년, 멕시코시티에서는 지진 구조 현장에 뱀 로봇을

투입하기도 했어.

생명공학자들은 동물뿐만 아니라 식물도 모방해 로봇을 만들어.

이탈리아에서 개발된 **필로봇**Filobot은

빛을 감지하고 적응하면서 생장하는 넝쿨 식물을 모방했어.

넝쿨 식물들은 빛이 있는 곳을 향해 나아가.

좁은 틈도 불규칙한 틈도 비집고 들어가지. 필로봇은 이런 습성까지

그대로 따라 만들었어. 그래서 복잡한 지형이나 동굴과 같은

밀폐된 공간을 탐사할 때, 또 사람이 접근하기 어려운 재난 지역,

배관 점검 등에도 쓰일 수 있어.

넝쿨 식물을 모방해 만든 필로봇

오른쪽 위 그림은 넝쿨 식물이 햇빛에 반응하는 원리, 오른쪽 아래 그림은 이를 모방해 필로봇이 움직이는 원리를 보여 줘. 왼쪽은 실제로 만든 필로봇이고.

생명공학자들은 **뇌 오가노이드를 이용해서**

인공지능 시스템을 구현하려는 '바이오 컴퓨터'도 연구하고 있어.

앞에서도 말했지만 오가노이드는 줄기세포를 이용해 만든

일종의 미니 장기야.

지금의 컴퓨터는 반도체를 이용해 데이터를 처리하고 저장하는데

바이오 컴퓨터는 뇌 오가노이드를 만들고

그 속의 세포, 단백질, DNA 등을 반도체 대신 이용하려는 거야.

인간의 뇌를 컴퓨터와 직접 연결하려는 연구도 진행 중이야.

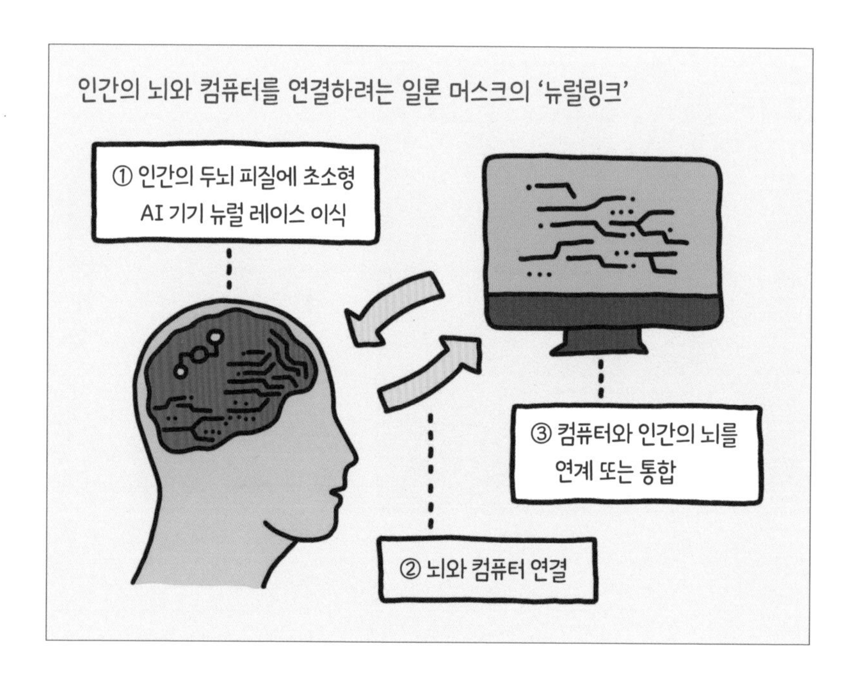

뇌에 칩을 삽입해서 뇌신경 신호를 읽고
그 신호를 컴퓨터나 기계 혹은 로봇에 전달하는 거야.
그러면 사용자가 말하거나 행동하지 않아도
여러 기기를 제어할 수 있어.
생각만으로 컴퓨터나 기계, 로봇을 움직일 수 있게 하는 거지.
이런 기술이 발달한다면 루게릭병처럼 사지가 마비된 환자들도
자기 팔 대신 로봇 팔을 들어 커피를 마시고,
자기 목소리 대신 인공지능의 목소리로 친구들과 농담을 나누며
즐겁게 지낼 수 있을 거야.

마지막으로 AI 로봇은 생명공학 실험실에서
실험을 하고, 그 실험을 기록하고 분석하기도 해.
생명공학자들의 연구를 돕는 거지.
덕분에 생명공학자들은 더 신속하고 정확하게 실험을 수행할 수
있고, 그만큼 생명공학 기술은 더 빨리 발전할 수 있을 거야.

Check it up 3 윤리

어떡해야 할까?

다원이 진화론을 발표하고 실험을 통해 진화론이 증명되면서
생물학은 인간이라는 존재, 그리고 우리가 살아가는 세계를
객관적이고 과학적으로 볼 수 있는 중요한 근거가 되었어.
유전자와 DNA 구조를 밝혀내면서 생명공학이 본격적으로
발전했지. 그리고 디지털 기술과 결합하면서
생명공학은 더욱 빠르게 발전하고 있어.
그 어느 분야보다 우리에게 필요한 상품과 기술을 제공하고 있지.
우리에게 질병을 정복하고, 식량 문제를 해결하고,
환경 오염을 해소하고, 기후위기까지 극복할 수 있는
해법을 제시하고 있는 거야.

한편으로 **생명공학은 우려를 낳고 있어.**

2018년, 중국의 생물물리학자인 허젠쿠이賀建奎, 1984년~박사는

HIV인간면역결핍바이러스에 감염된 부부에게서 배아를 제공받았어.

부모가 HIV 감염자라서 아이 역시 HIV에 감염돼

후천성면역결핍증에이즈, AIDS에 걸릴 확률이 높았지.

허젠쿠이 박사는 배아 상태에서

HIV 감염과 연관된 유전자를 비활성화하도록 유전자를 편집했어.

그러면 그 배아가 자라 태어난 아이는

AIDS에이즈에 걸리지 않을 테니까.

이 소식이 알려지자 사람들의 의견은 갈렸어.

허젠쿠이의 시도와 성공은 분명 엄청난 과학적 혁신이었어.

유전자 편집 덕에, 그 아이는

AIDS에 걸리지 않을 테니까.

그런데 배아 단계에서 유전자를 편집하면

유전자가 영구적으로 변해.

그 변화가 이후 그 사람에게 어떤 영향을 끼칠지,

혹은 그 사람에게 어떤 돌연변이가 발생할지

우리는 전혀 알지 못하지.

그 아이는 AIDS에 걸리지는 않겠지만,

다른 문제를 가지고 태어날 수도 있고, 성장하면서 혹은

그 아이의 자손에게 생각지도 못한 문제가 생길 수 있는 거야.

배아 상태의 **유전자 편집에 대한 안정성 문제가 제기**된 거야.

게다가 그와 관련된 기술은

난치병 치료 이외의 목적에 이용될 가능성이 컸어.

2024년, 그 우려는 현실이 됐지.

미국의 한 기업이 '지능 높은 아이를 낳을 수 있는 서비스'를

시작한 거야.

그 기업은 부모들에게 제공받은 배아들의 유전자를 검사한 뒤

지능지수IQ가 높은 아이가 태어날 확률이 높은 배아를 가려내.

부모들이 그 배아로 아이를 낳을 수 있도록.

그 기업은 지능뿐만 아니라 성별, 키, 비만, 정신 질환 등의

유전적 요소도 검사하는 것으로 알려졌지.

이런 서비스를 받은 부모는 어떤 배아로부터 아이를 얻으려고 할까?

자기가 원하는 성별의 아이, 키가 크고 날씬한 아이,

정신 질환을 앓을 확률이 없는 아이를

낳고 싶어 하겠지? 그런데 여기서 그칠까?

더 예쁘고 잘생긴 아이가 태어날 배아,

부모 말을 잘 듣고 사람들과도 잘 어울릴

아이가 태어날 배아를

고르고 싶어 하지는 않을까?

생명공학의 많은 분야가 이와 같은 **안정성 문제**와 함께,
궁극적으로는 **생명과 인간의 본질, 존엄성에**
관련된 문제들을 갖고 있어.

인형을 만들 듯 아기를 디자인해 낳는 세상이 된다면,
사람들에게 아기는 '자식'일까? '인형'에 더 가까울까?
인간이 디자인해서 낳은 인간과 그렇지 않은 인간을
동등하게 생각하고 대우해야 할까?
그렇다면 도대체 인간은 무엇이고, 생명은 무엇일까?
이런 의문들이 꼬리에 꼬리를 물고 이어지는 거야.

그래서 많은 과학자와 국제사회, 또 시민단체가
생명공학 윤리에 대해 머리를 맞대고 논의하고 있어.
기술이 남용되는 것을 방지하기 위해
연구와 개발 과정에서 투명성을 유지해야 하고,
연구와 개발이 위축되지 않으면서 기술이 악용되지 않도록
국제사회가 힘을 모아 합리적인 규제를 만들어 가고 있지.
또 생명공학 기술을 모든 사람이 공정하고 공평하게 이용할 수 있는
사회적, 의료적 시스템을 마련하기 위해 노력하고 있어.

프리츠 하버Fritz Haber, 1868~1934년라는 독일의 과학자가 있었어.

그의 별명은 '공기에서 빵과 죽음을 만든 과학자'였어.

그는 공기로 빵을 만들었어.

20세기 초, 식량 생산량을 늘려 식량 부족 문제를 해결하는 데

결정적인 역할을 했던 화학 비료를 만든 사람이거든.

그래서 그는 인류의 기근을 없앤 최고의 화학자로 칭송받았고

1918년에 노벨화학상을 받기도 했어.

그런데 그는 1차 세계 대전 동안 독일의 승리를 위해 독가스를

개발했어. 그 독가스는 전장에서 쓰이는 것은 물론

이후 2차 세계 대전 때는 유대인을 죽이는 데 사용됐지.

하버를 통해 우리는 훌륭한 능력을 갖춘 과학자가

그릇된 사상과 생각을 지니면

어떻게 인류와 역사에 죄를 짓게 되는지를 알 수 있어.

생명공학자들이 이를 모를 리 없겠지만,

혹시 생명공학자가 되고 싶은 사람 가운데

프리츠 하버의 이야기를 처음 듣는 친구가 있다면

과학자는 공기에서 빵도, 죽음도

만들어 낼 수 있음을 기억하기 바랄게.

Another Round

우리는 Next Level!

이 책을 보고 생명공학에 대해 어떤 시각을 갖게 됐는지

그래픽 오거나이저Graphic Organizer로 표현해 보자!

우리는 아주 오래전부터 생물학적 지식을 이용해
우리에게 필요한 제품과 기술을 만들었어.
어떤 것이 있는지 5개만 써 보자.

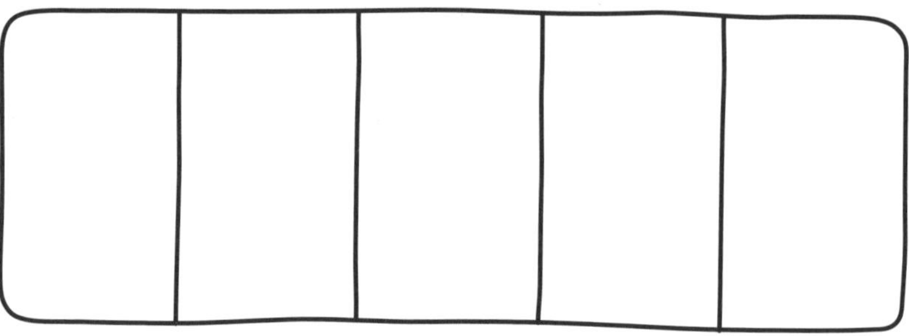

생명공학 기술은 의학, 농업, 환경, 에너지, 인공지능 등
다양한 분야와 접목되고 있어. 내가 만약 생명공학자라면
어떤 분야와 관련된 연구를 하고 싶을까?

그 분야의 생명공학자가
되고 싶은 이유

생명공학자들은 생물들을 본떠 생체 모방 로봇을
만들어 다양한 분야에 이용하기도 해.
생체 모방 로봇을 만든다면 어떤 생물을 모방하고 싶어?
내가 만들고 싶은 생체 모방 로봇을 그리고, 이름 붙여 봐.

내가 만들고 싶은 생체 모방 로봇

이름

하는 일

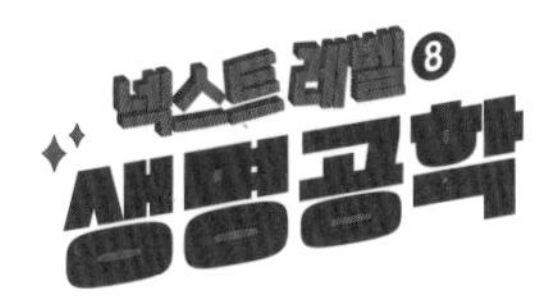

글 김무웅·최향숙 **그림** 젠틀멜로우

초판 1쇄 펴낸 날 2025년 1월 29일
기획 CASA LIBRO **편집장** 한해숙 **편집** 신경아 **디자인** 최성수, 이이환
마케팅 박영준 **홍보** 정보영 **경영지원** 김효순
펴낸이 조은희 **펴낸곳** ㈜한솔수북 **출판등록** 제2013-000276호
주소 03996 서울시 마포구 월드컵로 96 영훈빌딩 5층
전화 02-2001-5822(편집), 02-2001-5828(영업) **전송** 02-2060-0108
전자우편 isoobook@eduhansol.co.kr **블로그** blog.naver.com/hsoobook
인스타그램 soobook2 **페이스북** soobook2
ISBN 979-11-94439-07-3, 979-11-93494-29-5(세트)

어린이제품안전특별법에 의한 제품 표시
품명 도서 | 사용연령 만 7세 이상 | 제조국 대한민국 | 제조사명 (주)한솔수북 | 제조년월 2025년 1월

큐알 코드를 찍어서
독자 참여 신청을 하시면
선물을 보내 드립니다.

야무진 10대를 위한 미래 가이드

넥스트 레벨 은 계속됩니다.

❶ **인공지능**
조성배·최향숙 지음

❷ **메타버스**
원종우·최향숙 지음

❸ **우주 탐사**
이정모·최향숙 지음

❹ **자율 주행**
서승우·최향숙 지음

❺ **로봇**
한재권·최향숙 지음

❻ **기후위기와 에너지**
곽지혜·최향숙 지음

❼ **팬데믹과 백신 전쟁**
김응빈·최향숙 지음

❽ **생명공학**
김무웅·최향숙 지음

❾ **뇌과학** (근간)
홍석준·최향숙 지음

❿ **과학 혁명** (근간)
남영·최향숙 지음